Rätsel

für Denker und Tüftler

Rätsel für Denker und Tüftler

von Scott Morris

DuMont

Zweite Auflage 2007

Gedruckt auf säurefreiem und chlorfrei gebleichtem Papier
Druck und Verarbeitung: fgb • freiburger graphische betriebe • www.fgb.de
Printed in Germany

ISBN 978-3-8321-7746-1

Inhalt

»Kommen Sie, Watson! Das Spiel hat begonnen.«

Sherlock Holmes, *The Abbey Grange*

Vorwort

Als erstes möchte ich betonen: Ich bin kein Mathematiker. In der Schule hatte ich einigen Spaß an einfacher Geometrie und Wahrscheinlichkeitsrechnungen, Algebra aber ließ mich völlig kalt. Auch heute noch. Wenn X schon gleich irgendwas sein soll, dann am besten gleich einer Pizza Salami, und schön scharf bitte! Von Trigonometrie und Infinitesimalrechnung weiß ich immerhin, wie man das schreibt.

Ich bin auch kein Spielexperte. Schach, Skat, Dame, Poker – was auch immer: Sie wissen vermutlich mehr darüber als ich. Mein Schachcomputer produziert ein deutliches Kichern, wenn ich Stufe Zwei einstelle, und »Royal Flush« habe ich lange Jahre für eine Champagnermarke gehalten.

Erst recht bin ich kein Rätselfreak. Die Seite mit den Kreuzworträtseln überschlage ich sofort, und Aufgaben, die etwa so anfangen: »Ein Zug verläßt Hamburg mit 80 Stundenkilometern...« jagen mir eiskalte Schauer der Erinnerung an Hausaufgaben über den Rücken, mit verzwickten Berechnungen, die niemals ganz aufgehen wollten.

Daher stimmte ich auch sofort zu, als mir Frank Kendig, der Chef einer neuen Wissenschaftszeitschrift namens

Omni, im Sommer 1978 vorschlug, die Rätsel- und Spielecke zu übernehmen. Ich dachte mir dabei, daß ich mich für den Job genau deswegen eignen könnte, weil ich kein Experte auf diesem Gebiet war. Wenn ich ein Problem erst selbst gründlich durchdenken müßte, um es zu verstehen, könnte ich es den Lesern wahrscheinlich viel einfacher und direkter mitteilen als jemand, der automatisch von einem höheren Vorwissen ausgeht. Eins meiner Ziele in dieser Spiele-Rubrik war es dann immer, sie überraschend zu halten. Jede Ausgabe versuche ich so verschieden wie möglich von der vorigen zu gestalten, damit ein Leser, der in einer Ausgabe nichts Interessantes findet, sich vielleicht beim nächsten Mal von einem Problem nach seinem Geschmack mehr angesprochen fühlt.

In den Anfangsmonaten traf ich zu viele Leute, die sich etwa so äußerten: »Ich habe Ihre Seite nicht gelesen, weil ich noch nie besonders gut in Mathematik war. Ich habe einfach kein Talent für Rätsel.« Da ich mich selbst in solchen Aussagen wiedererkenne, bemühe ich mich stets, diese potentiellen Leser nicht aus den Augen zu verlieren. Ich versuche, sie beim Durchblättern der Zeitschrift anzulocken und in ein Spiel zu verwickeln, ehe sie noch merken, wie ihnen geschieht. Darum ist und war diese Rubrik auch nie bloß eine »Rätselecke«. Daher verlangen einige Aufgaben in diesem Buch keine Antworten im gewöhnlichen Sinn – sie sind keine Testfragen, die man richtig oder falsch beantworten könnte, sondern amüsante Zerstreuungen, die Sie hoffentlich so interessant finden wie ich.

Natürlich besteht der Hauptteil des Buches aus Fragen, die sehr wohl beantwortet werden können. Lassen Sie mich daher einige Bemerkungen zum Auswahlprinzip der Probleme machen. Zunächst einmal mag ich keine Aufgaben, die lediglich mit einer Menge harter Arbeit zu lösen sind. Formeln und Berechnungen bereiten (jedenfalls den meisten von uns) nur wenig Spaß, wohingegen der Hauptgrund, etwas zu lesen, was man eigentlich nicht lesen müßte, gerade im Spaß daran besteht.

Ich halte auch nichts von Rätseln, die die meisten Leute richtig lösen können. Wenn Sie die Antwort schon kennen oder zu leicht rausfinden können, dann gibt's hier nichts mehr zu lernen. Dann macht es auch keinen Spaß. Die unterhaltsamsten Rätsel dürften vermutlich die sein, bei denen man sich irrt.

Gut, das ist nur meine Meinung, doch sollten Sie sich daran gewöhnen, wenn Sie an diesem Buch Freude haben wollen. Vergessen Sie den Zwang, immer die richtige Antwort rausfinden zu müssen, und keine Depressionen bitte, wenn eine Lösung mal nicht stimmt.

Ich möchte Ihnen drei Typen von Denkaufgaben vorstellen, damit Sie genauer verstehen, worauf ich hinauswill. Da gibt es zum einen die Probleme, die sehr schwierig aussehen, es aber nicht sind.

Dieser Typ kommt am häufigsten vor. Die Sache läßt sich sehr verzwickt an, man versucht einen Lösungsansatz, dann einen anderen, aber irgendwie kommt man der Sache nicht näher. Erfährt man aber die Lösung – weil man sie entweder selber herausgefunden oder im Anhang nachgeschlagen hat –, dann sieht man plötzlich, daß alles viel einfacher war, als man dachte. »Natürlich! Warum bin *ich* nicht darauf gekommen!« ruft man klassischerweise gerne angesichts des nun so Offensichtlichen in solcher Situation.

Hier nun ein ziemlich bekanntes Beispiel. Die ersten 25 Buchstaben des Alphabets werden über und unter einer waagerechten Linie folgendermaßen angeordnet:

```
A   EF HI KLMN     T VWXY
-------------------------
 BCD  G  J    OPQRS U
```

Die Frage ist, wohin das Z gehört – nach oben oder nach unten, und mit welcher Begründung. Wenn Ihre Denkmaschine so ähnlich arbeitet wie meine, dann besteht Ihre erste Annäherung an solche Probleme in der Suche nach Mustern. Ein Buchstabe oben, drei unten, dann wieder zwei oben. »Drei weniger eins ist zwei« könnte ein Prinzip sein, aber Sie sehen, daß es hier nicht funktioniert. Die ersten drei Vokale – A, E und I – finden sich im oberen Teil, die beiden anderen im unteren; vielleicht steckt dahinter ein Prinzip? Oder vielleicht verbirgt sich eine Botschaft hinter den alternierend gesetzten Buchstaben, oder vielleicht...

Was mir an diesem Rätsel besonders gefällt, ist, daß es in umgekehrtem Verhältns zur Intelligenz oder zur Erfahrung im Lösen von Testaufgaben zu stehen scheint. Je schlauer Sie sich anstellen, desto schwieriger wird das Rätsel. Man kann so viele Lösungswege beschreiten: mit Vokalen und Konsonanten, mit geraden und ungeraden Zahlen, mit Primzahlen, Quadratzahlen, Kubikzahlen, arithmetischen und geometrischen Progressionen, typischen Buchstabenkombinationen in deutschen Wörtern und so weiter – doch jede Hypothese führt nur weiter ins Abseits. Im Grunde aber ist die Aufgabe so simpel, daß sie ein fünfjähriges Kind mit seinen Holzbuchstaben lösen könnte. Das Problem verlangt, daß man Abstand von ihm gewinnt, die üblichen »intelligenten« Vorstellungen einmal beiseite läßt und es mit den klaren, unschuldigen Augen eines Menschen betrachtet, der nichts weiß von Vokalen, Primzahlen oder der deutschen Sprache. Dann, plötzlich, enthüllt sich die Antwort, und alles paßt zusammen. (Falls Ihnen der rettende Einfall noch nicht gekommen ist, macht das nichts. Die Aufgabe kommt im ersten Kapitel nochmal vor, und vielleicht gelingt Ihnen dann der »neue Blick« auf das Problem.)

Der Reiz des Alphabet-Rätsels besteht darin, daß es uns etwas über die Art klarmacht, wie wir denken. Viele Aufgaben in diesem Buch haben diese Eigenschaft. Sie *erscheinen* völlig unlösbar, sofern man nicht wenigstens einen Hochschulabschluß in Mathematik mitbringt. Mit großer Hartnäckigkeit versucht man trotzdem, ein Muster, eine Bedeutung oder eine geistige Abkürzung zu finden. Dann, wenn man schon fast aufgeben will, kommt plötzlich der Moment, wo »es da ist«, und es erhellt sich auf einen Schlag, daß die Lösung richtig sein muß. Dieses Erlebnis (möglich natürlich nur ohne Pfuscherei) ist sehr schön, und Sie werden mit dem Rätsel vermutlich das tun, was ich auch gemacht habe – es anderen weitererzählen.

Ein zweiter Typ von Denkaufgaben hat genau die gegenteilige Form: Er sieht einfach aus, ist es aber nicht. Man meint, die Lösung sofort zu kennen, doch dann erlebt man eine Überraschung. Hierzu gehören die beliebten »Aprilscherze«, die mit Absicht so formuliert sind, daß man auf die falsche Fährte gelockt wird. (»Wenn Sie zehn Flaschen Bier haben und davon alle bis auf sieben austrinken, wieviele bleiben dann noch übrig?«) Andere haben mit Tatsachen oder Zitaten zu tun, die man schon hundertmal gehört hat und darum im Schlaf nachbeten kann. Jedenfalls glaubt man das. Sie brauchen sich nicht zu schämen, wenn Sie manchmal nicht so gut abschneiden – das ist nämlich genau unsere Absicht. Die einzelnen Fragen wurden extra so ausgewählt, daß sie ganz harmlos aussehen. Der Spaß geht erst richtig los, wenn Sie den wahren Sachverhalt erfahren und einsehen müssen, wie leicht Sie sich hinters Licht führen ließen.

Ein dritter Typ von Quizfragen sieht nicht nur schwierig aus, er ist es auch. Der Witz solcher Fragen liegt in der interessanten Information, die die Antwort enthält. Wenn Sie gefragt werden, ob die Sonne eine längere Lebensdauer hat als ein schwarzes Loch, erwartet niemand, daß Sie die Antwort wissen oder herauszufinden versuchen. Ich erwarte eher, daß Sie bekennen: »Ich habe nicht die geringste Ahnung«, und im Lösungsteil nachschlagen, wo die Antwort hoffentlich eine kleine Überraschung für Sie bereithält.

Das Buch steckt voller Fragen dieser drei Arten, und ich hoffe, daß Sie auch an denen Gefallen finden, die Sie nicht beantworten können. Manche von ihnen wurden ja gerade dafür ausgewählt, Sie aufs Glatteis zu führen. Wenn Sie hier mit einer falschen Antwort aufwarten, sollten Sie nicht enttäuscht sein, sondern sich im Gegenteil dazu beglückwünschen, daß Sie offenbar ganz normal reagieren. Bei anderen Aufgaben wiederum werden Sie um so mehr Hypothesen entwickeln, je mehr Intelligenz Sie dem Problem entgegenstemmen. Wenn hier die Lösung etwas auf sich warten läßt, können Sie es jedenfalls darauf schieben, daß Sie einfach zu intelligent sind!

Das Buch stellt wesentlich mehr dar als eine bloße Aneinanderreihung der einzelnen Zeitschriftenkolumnen. Manche Fragen wurden neu aufgenommen, andere wurden zu Gruppen verwandter Probleme zusammengestellt. Unklare Formulierungen wurden berichtigt, viele Antworten ausführlicher begründet, als dies in der Zeitschrift möglich war, und auch von Lesern eingesandte interessante Lösungsalternativen berücksichtigt.

Gleichartige Rätselfragen wurden in kurzen Kapitelchen zusammengefaßt, die im Durchschnitt nicht mehr als zehn Aufgaben umfassen. Dies ermöglicht Ihnen, sich denkerisch auf einen bestimmten Problemstil einzustellen. Andererseits habe ich mich bemüht, die Reihenfolge der einzelnen Kapitel so abwechslungsreich wie möglich zu gestalten (wie schon die Kolumne in der Zeitschrift), damit kein Leser in die Versuchung kommen möge, sich zu langweilen oder aufzugeben, weil die Aufgaben etwa zu schwierig oder einseitig sind.

Falls Sie als alter *Omni*-Leser die erste Aufgabe in einem Abschnitt wiedererkennen, sollten Sie trotzdem nicht glauben, daß auch der Rest des Abschnitts aus derselben Ausgabe stammt. Meist enthält er Probleme, die im Abstand von Jahren veröffentlicht wurden oder sogar erst für dieses Buch erfunden wurden.

Es gibt sogar ein völlig neues Kapitel in diesem Buch mit dem Titel »Nachgedacht«. Manchmal nämlich tauchen im Verlauf der Lösung eines Problems neue Fragen auf: eine alternative Lösung, eine Variation des Themas oder ein verwandtes Problem, das von einem Leser eingesandt wurde. In diesem Buch war es mir möglich, auf diese »Nachgedanken« einzugehen, was in einer Zeitschrift sehr unpraktisch gewesen wäre. Die Lösungen der meisten Fragen finden Sie im Abschnitt »Auflösungen«, der auf Seite 123 beginnt, daran schließt sich auf Seite 187 das Kapitel »Nachgedacht« an, das nach den Aufgabennummern der ursprünglichen Probleme geordnet wurde.

Anmerkung

Ich habe mich bemüht, alle Fehler aus diesem Buch auszumerzen, doch trotzdem kann sich immer mal wieder eine kleine Ungenauigkeit einschleichen. Wenn Sie so eine Panne entdecken, Ihr Lieblingsrätsel vermissen oder eigene Aufgaben erfunden haben, die auch für andere interessant sein könnten, dann schreiben Sie mir bitte. Für jede Originalidee, die in der Zeitung oder dem nächsten Buch veröffentlicht wird, werden Sie natürlich belohnt und öffentlich lobend erwähnt. Bitte schicken Sie alle Anregungen, Rätsel, Kritiken und vor allem Lobeshymnen an:

Scott Morris
Games Editor
OMNI Magazine
1965 Broadway
New York, N. Y. 10023

Dank

Der Direktion. Weil sie *Omni* überhaupt ins Rollen gebracht und eine Spielecke eingerichtet haben, danke ich Bob Guccione, Kathy Keeton und Frank Kendig.

Den Beratern. Für ihre Ideen, Inspirationen, Kontakte, Telephonnummern, und überhaupt: Weil ich ihre Gehirne anzapfen durfte (wenn sie es auch manchmal nicht gemerkt haben), danke ich Isaac Asimov, Scott Kim, Douglas Hofstadter, Willard R. Espy, A. Ross Eckler, Itsuo Sakane, James Randi, Ray Hyman, Mel Stover, James Fixx, Phil Wiswell, Will Shortz, John Kirkland, Alexander Calandra, Norman Pos, Ron Graham und Joe Caravella.

Für die Beurteilung. Den *Omni*-Redakteuren, die meine ersten Opfer waren und mich mit der gebotenen Zurückhaltung darauf aufmerksam machten, welche Ideen zu gebrauchen waren und welche nicht. Dank an Ande Dorman, Dick, Teresi und Paul Hilts.

Für die Verbesserungen. Dank all denen, die die Aufgaben getestet und dabei mehr Fehler gefunden haben, als ich hier zugeben möchte, namentlich aber: Geoffrey Golson,

Fred Piscop, Bryce Britton, Bob Boylan, Charles Attardi, Brian McKernan, Gina Grant, Eric Rosen und Ward Mohrfeld.

Für die Optik. Dafür, daß sie dazu beigetragen haben, daß das Ganze auch nach etwas aussieht, danke ich vor allem Frank DeVino, Elizabeth Woodson, Otis Sullivan, Margaret Richichi, Hildegard Kron und Lisa Shapiro.

Für ihren Zuspruch. All den scharfäugigen und flinkschreibenden Lesern, die mich auf jeden Fehler, jede Zweideutigkeit oder Lösungsvariante hingewiesen haben, hier ein besonderes Dankeschön!

Besondere Anerkennung verdient Martin Gardner, dessen Einfluß im ganzen Buch spürbar ist. Ich kann mir gut vorstellen, daß es ohne ihn weder die Kolumne noch dieses Buch gegeben hätte, jedenfalls nicht von mir. Nach meinen furchtbaren Erfahrungen mit der Mathematik in der Schule haben mich erst seine Bücher und Artikel im *Scientific American* auf die lustige und entspannende Seite der ganzen Angelegenheit aufmerksam gemacht. Sie erweckten den Wunsch, mehr darüber zu erfahren.

Heute wirkt sich Martin Gardners Einfluß direkter und persönlicher aus. Er ist für mich Quelle neuer Ideen, Resonanzboden, Inspiration und prüfende Instanz. Dank Dir, Martin, weil Du mein wichtigster Führer in diesem endlosen Labyrinth warst.

Rätsel und Spiele

1.

Einblicke (Teil Eins)

Mir gefallen vor allem solche Aufgaben, die ohne aufwendige Berechnungen zu lösen sind. Sie verlangen in erster Linie einen frischen Zugriff, einen logischen Befreiungsschlag, einen plötzlichen Sprung aus der üblichen linearen Lösungsstrategie heraus ins Lateraldenken, welches das Problem von der Seite anpackt. Auf den ersten Blick hin wirken sie unlösbar: Es scheint einfach nicht genug Informationen zu geben; es riecht nach stundenlangen Versuchen und Irrtümern. Man probiert alle »intelligenten« Ansätze aus, doch nichts funktioniert. Man kommt nicht vorwärts, also bewegt man sich zur Seite. Und dann haben Sie plötzlich die Antwort! Sie ist so einfach und elegant, daß Sie sich fragen, wie Sie sie nur so lange übersehen konnten. Dieser blitzartige Einblick ist das, was die Psychologen ein »Aha-Erlebnis« nennen.

Es folgen nun 10 solcher »Intelligenzsprünge«, von denen jeder auf seine Weise ein Klassiker ist. Hier gibt es keine Trickantworten, die Lösungen sind strikt logisch, doch sie verlangen jenen besonderen Ansatz, den Edward de Bono das »laterale Denken« nannte. Wie man diese Probleme angeht, kann ein Licht darauf werfen, wie man sich auch sonst durchs Leben bewegt: auf ausgetretenen Pfaden, mit unausgesprochenen Vor-Urteilen, welche die Freiheit der Bewegung hemmen und blind machen für neue, kreative Lösungen. Ich würde gerne unterstellen, daß Sie mit der Beherrschung solcher Gedankensprünge auch alle anderen Probleme lösen können, die Ihnen das Leben so in den Weg knotet – aber das hieße doch, den Bogen etwas zu überspannen. Schließlich handelt es sich hier nur um ein Spiel.

1. BÜCHERWURM. Auf Ihrem Bücherregal steht eine vierbändige Shakespeare-Ausgabe. Jeder Band ist genau 6 cm dick: Die Seiten sind 5 cm dick und jeder Buchdeckel ½ cm.

Ein Bücherwurm mit Geschmack für Klassiker beginnt auf der ersten Seite von Band I und frißt sich gerade durch bis zur letzten Seite von Band IV. Welche Entfernung legt er dabei zurück?

2. SOCKENSALAT. In Ihrem Kleiderschrank liegen 10 schwarze und 15 rote Socken bunt durcheinander. Leider ist das Licht kaputt, und Sie tasten im Dunkeln herum. Wieviele Socken müssen Sie höchstens hervorziehen, um ein gleichfarbiges Paar zu erhalten?

A		**EF**		**HI**		**KLMN**		**T**		**VWXY**
	BCD		**G**		**J**		**OPQRS**		**U**	

3. DRUNTER UND DRÜBER. Hier sehen Sie die ersten 25 Buchstaben des Alphabets, einige stehen über, andere unter der Linie. Wohin gehört das Z, und warum? Nach oben oder nach unten?

4. HUT AB! Ein übelgelaunter König machte sich einen Spaß daraus, drei Gefangenen eine Rätselaufgabe zu stellen. Aus einer Schachtel, die fünf Hüte enthielt – drei rote und zwei weiße –, nahm er drei Hüte heraus und setzte jedem Gefangenen einen auf. Die anderen zwei blieben im Karton. Dann informierte er die Männer von der Anzahl und Farbe aller Hüte und verlangte: »Ich will, daß mir jeder die Farbe seines Hutes nennt. Wer die Frage richtig beantwortet, wird freigelassen. Eine richtige Antwort ohne Begründung jedoch und jede falsche Anwort werden mit dem Tod bestraft.« (D. h.: Raten verboten!)

Der erste Mann schaut die beiden anderen an, schüttelt seinen Kopf und sagt: »Ich weiß nicht.«

Der zweite schaut sich die Hüte von Nummer Eins und Drei an, kratzt sich am Kinn, grübelt, und erklärt dann ebenfalls: »Ich weiß es nicht.«

Der dritte Mann ist etwas benachteiligt, da er blind ist. Aber er ist schlau. Er überlegt einige Sekunden, dann verkündet er die richtige Farbe seines Hutes. Welche Farbe hatte dieser Hut, und wie konnte er das wissen?

5. STREICHHOLZ-MATHEMATIK. Sieben Streichhölzer liegen in der angegebenen Form auf dem Tisch.

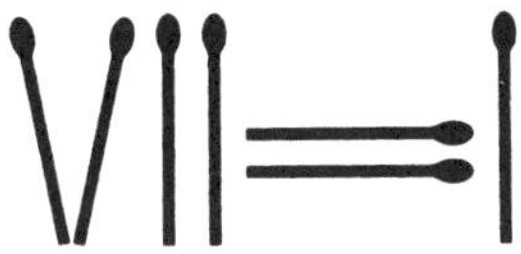

Offensichtlich ist »Sieben gleich eins« keine richtige Gleichung. Können Sie nur *ein* Streichholz bewegen und eine richtige Gleichung produzieren? Vielleicht fallen Ihnen einige Abkürzungen ein, beispielsweise:

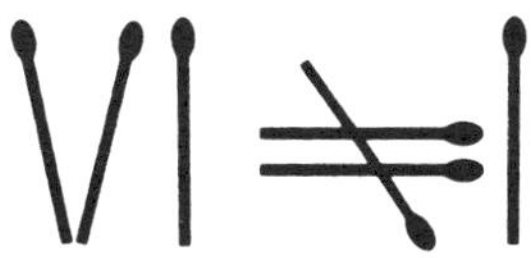

(Sechs ist nicht gleich eins)

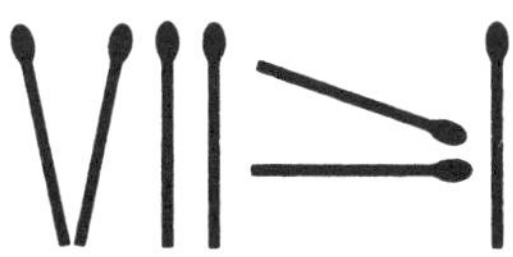

(Sieben ist größer als eins)

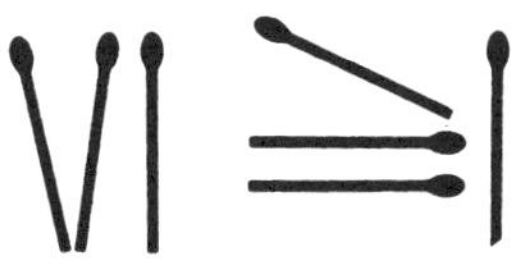

(Sechs ist größer oder gleich eins)

Dies alles aber sind *Ungleichungen,* die technisch nicht als Gleichungen gelten. Sie sollen nur ein Streichholz bewegen und »Sieben gleich eins« in eine korrekte Gleichung verwandeln.

6. GELDZÄHLEN. Zehn Münzen liegen in folgender Ordnung:

Können Sie genau eine Münze so bewegen, daß sowohl senkrecht als auch waagerecht in jeder Reihe sechs Münzen liegen? (Die Aufgabe läßt sich am besten mit richtigen Münzen auf dem Tisch lösen.)

7. WELCHER WEG? Auf dem Weg nach Alphaville geraten Sie an eine Weggabelung. Eine Straße führt nach Alphaville, die andere nach Betaburg – aber welche? An der Gabelung sitzt ein Indianer in der traditionellen Kleidung, die ihn als ein Mitglied der beiden Stämme ausweist, die sich völlig gleich kleiden. Leider sagt der eine Stamm *immer die Wahrheit,* während der andere *immer lügt.* Sie dürfen eine Frage stellen, um sich nach dem Weg nach Alphaville zu erkundigen. Was fragen Sie?

Mit zwei Fragen gäbe es kein Problem. Sie könnte nach oben zeigen und fragen: »Zeige ich nach oben?« Der Wahr-Sager würde das bejahen, der Lügner aber verneinen. Dann könnten Sie ihn nach Ihrer Straße fragen und wüßten, wie seine Antwort zu bewerten wäre. Hier aber dürfen Sie nur eine Frage stellen. Welche?

Ein Tip: Wenn Sie endlich auf der richtigen Strecke sind, wissen Sie immer noch nicht, welchem Stamm der befragte Indianer angehört.

8. GOLD! Was ist mehr wert: ein Pfund 10-$-Goldmünzen oder ein halbes Pfund 20-$-Goldmünzen? Oder sind beide gleich viel wert?

9. BUCHSTABENRÄTSEL. Welches ist der nächste Buchstabe in der folgenden Reihe?

EZDVFSS

10. IM WUNDERLAND. Nachdem Alice durch den Spiegel gestiegen war, erblickte sie ein Schild mit merkwürdigen Zeichen.

»Was hat das zu bedeuten?« fragte sie sich. »Es sieht aus wie eine Geheimschrift oder das Alphabet einer fremden Sprache.« Sie studierte das Schild noch ein wenig, da kam ihr das Aha-Erlebnis. »Die Reihe hat eine ganz bestimmte Regel!« Falls Sie so klug sind wie die kleine Alice, werden Sie bestimmt herausfinden, welches das nächste Zeichen in dieser Reihe ist.

2.

Wetten daß?

Mein Sohn, wie weit du auch reist und egal, wie schlau du wirst, merke dir auf jeden Fall dies: Eines Tags wird irgendwo ein Kerl zu dir kommen und dir ein brandneues Kartenspiel zeigen, das noch tadellos versiegelt ist. Und dieser Kerl wird mit dir wetten wollen, daß Pik-Bube aus dem Kartenspiel herausbüpft und dir eine Ladung Cidre ins Ohr gießt. Junge, wette nicht mit dem Mann, denn du kannst sicher sein, ein Ohr voll Cidre zu bekommen.

– Mr. Mastersons Rat an seinen Sohn Sky,
aus Damon Runyons Buch »Miss Sarah Browns Idylle«

Es gibt eine bestimmte Sorte von Spielen, die als »Kneipen-Wetten« bekannt sind. Richtig vorgeführt sind sie sehr lustig, falsch vorgeführt eine Katastrophe. Man braucht eine gewisse Portion Chuzpe, um sie durchzuziehen, aber dann sollte auch kein Opfer ernsthaft glauben, es könnte überhaupt gewinnen.

Es fängt immer so an, daß Sie einem Freund ein Bier oder einen unbedeutenden Geldbetrag bieten für den Fall, daß er die gestellte Aufgabe lösen kann. Er wird alle denkbaren Lösungen versuchen, bis er schließlich erklärt, die Aufgabe sei unmöglich und Ihnen ein Bier anbietet, wenn Sie das Gegenteil beweisen können. Dann kommt Ihr großer Augenblick und Sie demonstrieren die überraschend einfache Lösung.

Freilich braucht man etwas Showtalent, damit man das Geheimnis lüften kann, ohne daß sich das Opfer zu enttäuscht fühlt und Sie für einen elenden Besserwisser hält. Seien Sie nicht zu eilfertig mit der Enthüllung: Die Wetten sind wesentlich wirkungsvoller, wenn das Opfer zuerst einige gedankliche Mühe investiert hat.

Manche der Aufgaben hier sind Fangfragen, die meisten freilich nicht, doch auch sie wollen richtig präsentiert werden. Man kann voraussetzen, daß nur ganz alltägliche Objekte verwendet werden, wie sie jeder bei sich trägt oder in jeder Bar gefunden werden können. Einige Nummern verlangen etwas Übung. Probieren Sie sie vorher aus, denn sonst sind Sie derjenige, der Cidre – oder schlimmeres – aufs Ohr bekommt.

Wie würden Sie reagieren, wenn Ihnen die folgenden Wetten angeboten würden?

1. MÜNZEN IM GLAS. Drei Gläser und zehn Münzen sind auf dem Tisch. Die Aufgabe: Verteilen Sie alle zehn Münzen so in die Gläser, daß sich in jedem Glas eine ungerade Anzahl von Münzen befindet.

2. KNOTENTRICK. Besorgen Sie sich ein kurzes Stück Schnur oder einen Schnürsenkel. Die Aufgabe: Können Sie je ein Schnurende in eine Hand nehmen und nun einen Knoten hineinknüpfen, ohne die Schnur loszulassen?

3. HAARIG, HAARIG. Können Sie einen Eiswürfel mit einem Menschenhaar hochheben? Das Haar um den Würfel zu knoten, ist nicht die Lösung, die hier gemeint ist, obwohl Sie herzlich eingeladen sind, es zu versuchen – es wird höchstwahrscheinlich doch nicht klappen. Der Trick funktioniert sogar mit einem Haar, das zu kurz ist, um es ganz um den Würfel zu schlingen.

4. NICHT KÜBEL! Dies ist die Geschichte von dem beschwipsten Philosophiestudenten, der einen Sektkübel (oder ein anderes ausreichend großes Gefäß) über den Martini seines Professors stülpt und behauptet: »Ich wette mit Ihnen um eine Mark, daß ich Ihren Martini austrinken kann, ohne das Glas oder den Sektkübel oder den Tisch zu berühren. Ich werde sie weder direkt noch indirekt berühren noch jemanden bitten, mir zu helfen. Wollen wir wetten?« Was macht der Student, wenn der Professor einschlägt?

5. WASSERGLÄSER. Sechs Wassergläser stehen in einer Reihe. Die ersten drei sind voll, die letzten drei leer. Die Aufgabe: Können Sie, indem Sie nur ein Glas bewegen, die

Gläser so arrangieren, daß sich volle und leere Gläser abwechseln?

6. FEUERZAUBER. Können Sie einen 50-Mark-Schein anzünden, so daß er völlig von Flammen umgeben ist, und ihn danach trotzdem noch zum Bezahlen verwenden?

7. DAS FLIEGENDE STREICHHOLZ. Stellen Sie zunächst ein 10-Pfennig-Stück mit der Kante aufrecht auf den Tisch. Sodann balancieren Sie ein in der Mitte geknicktes Pappstreichholz darüber. Stülpen Sie schließlich ein umgedrehtes Schnapsglas über das Ganze, so daß weder Münze noch Streichholz berührt werden. Die Aufgabe: Das Streichholz soll von der Münze heruntergekippt werden, ohne den Tisch oder das Glas zu berühren.

8. BÜROKLAMMERN. Hier ist eine neue Version einer schon recht betagten Nummer. Sie benötigen zwei Büroklammern und einen Geldschein. Falten Sie den Schein in drei gleich große Teile, so daß er von oben die Form eines Z hat. Sie beginnen die Vorführung, indem Sie die beiden oberen Lagen etwas rechts von der Mitte mit einer Büroklammer zusammenstecken. Dann drehen Sie den Schein um 180 Grad und heften in gleicher Weise die beiden jetzt oben liegenden Lagen des Scheins zusammen. Das sieht dann so aus:

Erklären Sie, daß das Ziel des Versuchs darin besteht, die beiden Enden der Banknote schnell auseinanderzuziehen, so daß die Klammern weggeschleudert werden. Wenn sie sich bei der Landung berühren, hat man gewonnen; wenn sie getrennt landen, hat man verloren.

Ihr Opfer wird schon große Probleme haben, die Büroklammern überhaupt irgendwie gleichzeitig landen zu lassen, geschweige denn so, daß sie sich berühren. Wenn Sie endlich an der Reihe sind, erklären Sie, daß Sie diesen Trick ziemlich gut drauf haben und deshalb jedem einen ausgeben wollen, wenn er nicht funktioniert. Allerdings möchten Sie, daß dafür im Erfolgsfall auch jemand Ihre Rechnung übernimmt. Wie stehen Ihre Chancen, Sportsmann?

9. AUF DEN RAND. »Jeder kann eine Münze auf den Tisch werfen, so daß sie entweder Kopf oder Zahl zeigt«, verkünden Sie, »aber ich habe geübt, eine Münze so fallen zu lassen, daß sie weder mit Kopf noch mit Zahl aufliegt, sondern auf dem Rand landet. Das ist Kunst!« Geben Sie

Ihrem Opfer ein 10-Pfennig-Stück und fordern Sie ihn auf, es aus ungefähr 5 Zentimetern Höhe auf den Tisch fallen zu lassen, so daß es auf der Kante stehenbleibt.

10. POSTKARTENTRICK. Sie benötigen eine normale Postkarte und eine Schere. Nun bitten Sie jemanden, ein Loch in die Karte zu schneiden, das groß genug sein soll, daß man seinen Kopf hindurchstecken kann, ohne die Karte zu zerreißen. Der Trick ist ziemlich alt, aber wer ihn noch nie gesehen hat, wird ziemlich beeindruckt sein. Ein Tip: Offensichtlich ist der Umfang einer Postkarte zu klein, um Ihren Kopf hindurchzustecken. Also müssen Sie nach einem Weg suchen, diesen Umfang zu vergrößern.

3. Um die Ecke gedacht

Einige Leute brechen in kalten Schweiß aus, wenn sie schon das Wort »Physikaufgaben« hören. Normalerweise glauben sie, sie hätten alle physikalische Formeln vergessen und könnten deshalb unmöglich die richtige Antwort finden. Freilich gibt es Fälle, in denen auch und gerade der wahrhaft kreative Geist nicht mit der »richtigen« Antwort aufwartet. Es bedarf einer speziellen Art zu denken, um sich von dem erwarteten Lösungsweg fernzuhalten. Das Problem neu interpretiert, und schon gibt es mehr als nur eine »richtige« Lösung.

Das Barometer und das Hochhaus

Physikprofessor Alexander Calandra von der Washington University, St. Louis, berichtet, wie er einmal einen Disput zwischen einem Kollegen und einem sehr eigensinnigen Studenten zu lösen hatte. Die Frage, wie man die Höhe eines Hochhauses mit Hilfe eines Barometers bestimmen könnte, hatte der Student beantwortet: »Man steigt auf das Dach des Hochhauses, bindet das Barometer an eine Schnur und läßt es bis zur Straße herunter. Dann zieht man es wieder rauf und mißt die Länge der Schnur – sie ist gleich der Höhe des Gebäudes.«

Der Lehrer wollte diese Lösung nicht anerkennen, da sie seiner Meinung nach keine Kenntnis physikalischer Gesetze bewies. Der Student hingegen bestand auf der vollen Punktzahl, da er glaubte, die Frage korrekt beantwortet zu haben.

Calandra beschloß, ihm noch eine Gelegenheit zu geben. In sechs Minuten sollte er sich noch eine Antwort ausdenken, die sein Verständnis physikalischer Gegebenheiten demonstrieren könnte.

Ungefähr fünf Minuten lang saß der Schüler vor einem weißen Blatt Papier. Calandra glaubte schon, er würde das Examen nicht bestehen, da kritzelte er in der letzten Minute folgende Antwort aufs Papier: »Steige mit dem Barometer aufs Dach des Hochhauses und lehne dich über den Rand. Laß das Barometer herunterfallen und miß die Fallzeit mit einer Stoppuhr. Nach der Beschleunigungsformel $s = \frac{1}{2} g \cdot t^2$ läßt sich nun die Höhe berechnen.«

Die Antwort war völlig richtig, wenn auch etwas unerwartet, und Calandra gab ihr die volle Punktzahl. Warum aber dieser ungewöhnliche Ansatz? Der Student erwiderte, daß er die verlangte Antwort die ganze Zeit gewußt hätte, es aber satt hätte, sich von Lehrern einen »richtigen« Denkweg vorschreiben zu lassen. Er wüßte mehrere Lösungen für das Problem, hätte aber bis zur letzten Minute gewartet, um die beste auszusuchen. Zum Beispiel könnte man einen sonnigen Tag abwarten, die Länge des Barometers, seines Schattens und des Gebäudeschattens messen und daraus in einer einfachen Gleichung die Höhe des Hauses berechnen.

»Schön«, sagte Calandra, »noch andere Lösungen?«

»Man könnte die Treppe hochsteigen und dabei die Höhe des Gebäudes durch aneinandergelegte »Barometereinheiten« messen. Man kann selbstverständlich auch den Luftdruck am Fuß und an der Spitze des Gebäudes messen und aus der Differenz die Höhe berechnen.«

»Freilich gibt es auch direktere Lösungen«, fügte er hinzu. »Die einfachste wäre wohl, mit dem Barometer zum Hausmeister zu gehen und ihm zu sagen: ›Lieber Herr Hausmeister, ich habe hier ein sehr schönes Barometer, und das schenke ich Ihnen, wenn Sie mir die Höhe des Gebäudes verraten.‹«

Eddie Epstein aus New York City bevorzugt eine mehr psychologische Variante: Gehen Sie zum Besitzer des Hochhauses und erklären Sie ihm: »Sagen Sie mir die Höhe des Gebäudes, oder ich haue Ihnen mit diesem Barometer eins auf die Rübe.«

Die stehengebliebene Uhr

Auch andere Probleme können mit dem »Barometer-Denken« angepackt werden. Lewis Carroll stellte einmal folgende Frage: Welche Uhr ist besser – eine, die pro Stunde eine Minute nachgeht, oder eine, die ganz stehengeblieben ist? Carroll hielt die stehengebliebene Uhr für nützlicher, da sie ja zumindest zweimal am Tag die richtige Zeit anzeigt.

Angenommen, Sie besäßen nun eine Armbanduhr mit gesprungener Feder. Wie können Sie diese Uhr benutzen, um die richtige Zeit zu erfahren? Mit dem Barometer-Denken könnte Ihnen einfallen, die Uhr jemand zu schenken, wenn er Ihnen die Zeit sagt; oder Sie könnten sie wie einen Revolver in der Tasche halten und jemanden bedrohen, damit er Ihnen die Zeit sagt.

Wieviele Arten fallen Ihnen ein, eine kaputte Uhr zur Zeitbestimmung zu benutzen? Überlegen Sie, wieviele Lösungen es geben könnte und vergleichen Sie sie mit meinen Antworten auf Seite 132.

4.

April, April

Wenn sich der April ankündigt, versuche ich stets, in meine Rätselecke einige Aufgaben einzubauen mit jener besonderen Drehung, die zum Ersten dieses Monats paßt. Der Erfolg bei solchen Fragen hängt weniger von Ihrer hochgezüchteten analytischen Vernunft ab, als von einem gut entwickelten Sinn für Hinterlist. Lesen Sie jede Frage sorgfältig, bevor Sie sie beantworten. Beim Vergleich mit den Lösungen auf Seite 132 können Sie feststellen, ob Sie einen Hang zur Heimtücke besitzen.

1. SCHALLPLATTE. Wieviele Rillen befinden sich durchschnittlich auf einer normalen LP-Seite?

2. OST ODER WEST? Eine E-Lok fährt mit 80 Stundenkilometern Richtung Nordost. Der Wind bläst mit 20 Stundenkilometern in Richtung Ost. In welche Himmelsrichtung weht der Rauch der Lokomotive?

3. KLEINGELD. Sie haben zwei Münzen in der Tasche, zusammen 6 DM. Eine ist kein 5-Mark-Stück. Welche Münzen sind es?

4. TOTAL. Was ist das Produkt der folgenden Reihe?

$$(x-a)\,(x-b)\,(x-c)\ldots(x-z)$$

5. KOPFRECHNEN. Teile 50 durch ½ und addiere 3. Was ist das Ergebnis?

6. WIE WAR DAS NOCH? Sir Isaac Newton kaufte sieben Äpfel. Er aß alle bis auf drei. Wieviele waren noch übrig?

7. BITTE NACHZÄHLEN. Wahr oder falsch: »Es gipt drei Feler in diesem Satz.«

8. MÜDE. Ein übermüdeter Taxifahrer legt sich abends um zehn Uhr ins Bett. Er stellt den Wecker auf zwölf Uhr, denn er möchte erst am nächsten Mittag wieder aufstehen. Wieviele Stunden hat er geschlafen, wenn der Wecker klingelt?

9. FÄLSCHUNG? Ein Forscher behauptete, das unten abgebildete Objekt von einer Reise nach Südnorwegen mitgebracht zu haben. Welchem Zweck mag es dort wohl gedient haben?

10. SELTSAMER KAUF. »Was kostet eins?« fragte der Kunde im Eisenwarenladen.

»Zwei Mark«, antwortete der Verkäufer.

»Und was muß ich für zwölf bezahlen?«

»Vier Mark.«

»Na gut, dann möchte ich sechshundertzwölf.«

»Natürlich. Macht sechs Mark, bitte.«

Frage: Was hat der Kunde gekauft?

5.

Jetzt wird's physisch

Beim Erlernen der Naturwissenschaften sind Beispiele von größerem Nutzen als Gesetze. – Sir Isaac Newton

Die kommenden Fragen fordern intuitives Erfassen physikalischer Grundtatsachen. Sie brauchen keine komplizierte Mathematik und keine entwickelten theoretischen Überlegungen, sondern nur ein bißchen Verständnis dafür, wie die Dinge in dieser unserer Welt funktionieren. Wie häufig in diesem Buch, sind diese Aufgaben nach dem Gesichtspunkt ausgewählt worden, ob sie eine Überraschung in sich bergen. Intuition führt übrigens oft auch auf die falsche Spur.

1. FREGATTE IN DER BADEWANNE. Könnte man ein Schlachtschiff in einer Badewanne schwimmen lassen? Stellen Sie sich vor, daß ein Schiff von 30 000 Tonnen Wasserverdrängung ganz langsam in eine Wanne herabgelassen würde, die wie der Rumpf geformt, aber ein wenig größer wäre und eine geringe Menge Wasser enthielte. Während das Schiff herabgelassen wird, wird das Wasser

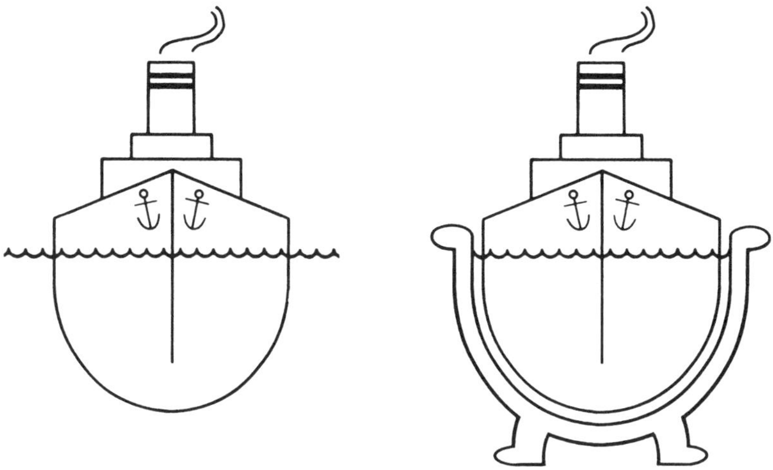

aus der Wanne herausgepreßt, bis nur noch eine dünne Schicht zwischen Wanne und Schiffsrumpf verbleibt. Kann ein 30 000-Tonnen-Schiff in einigen hundert Litern Wasser schwimmen? Bedenken Sie, daß ein schwimmendes Objekt eine Wassermenge in der Größenordnung seines eigenen Gewichts verdrängt und daß 30 000 Tonnen Wasser ein Volumen von 30 Mio. Litern haben.

2. DER SCHIEFE TURM. Stapeln Sie eine Reihe von Dominosteinen so übereinander, daß jeder Stein so weit wie möglich über den darunterliegenden hinausragt, ohne umzukippen. Bei zwei Steinen kann der obere um annähernd 50% seiner Länge überstehen. Bei drei Steinen erhält man den größtmöglichen Überhang, wenn sich der Schwerpunkt des obersten Steins (A) genau über dem Rand des zweiten Steins (B) befindet und deren kombinierter Schwerpunkt wiederum genau über dem Rand des unteren Steins (C). Stein A überragt Stein C nun um 75% seiner Länge.

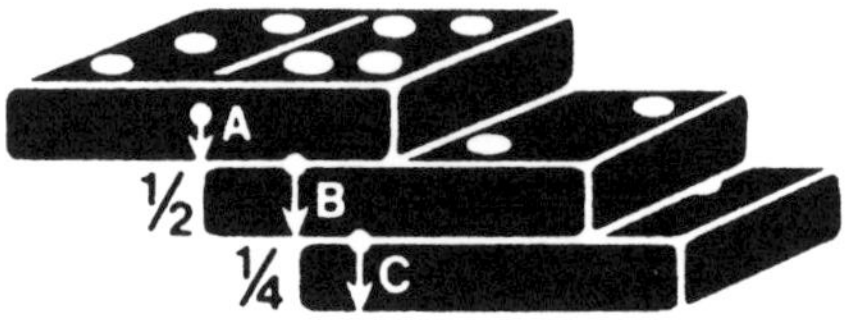

Ist es möglich, nach diesem Verfahren einen Turm zu bauen, bei dem der oberste Dominostein den untersten um mehr als eine volle Steinlänge überragt? Falls ja, wieviele Steine wird man ungefähr dafür brauchen?

3. GANZ UNTEN. Gibt es in einem ganz tief, vielleicht einen Kilometer unter der Erdoberfläche liegenden Bergwerk eine höhere Erdanziehungskraft als auf der Oberfläche? (Wir wollen annehmen, die Erdkugel sei überall von gleicher physikalischer Dichte, und alle Schwankungen der zentrifugalen oder zentripetalen Kräfte vernachlässigen.)

4. AMEISENRENNEN. Eine U-Bahn nähert sich dem Neumarkt mit einer Geschwindigkeit von 144 Zentimetern pro Sekunde (zps). Drinnen bewegt sich ein Mann mit 36 zps vorwärts, relativ zu den Sitzen. Er beißt gerade in eine etwa handlange Knackwurst, die er sich mit genau 2 zps in den Mund schiebt. Auf der Wurst entfernt sich eine Ameise mit der Geschwindigkeit von 1 zps von den Zähnen des Mannes, um sich in Sicherheit zu bringen. Wie schnell nähert sich die Ameise dem Neumarkt?

5. WASSERSPIELE. Stellen Sie sich einen Wassertank mit zwei Öffnungen von gleichem Durchmesser vor. Das Wasser kann entweder durch die untere Öffnung (A) oder durch den Überlauf (B) fließen, der zwar am oberen

Ende des Tanks ansetzt, dessen innere Öffnung aber genauso weit unterhalb der Wasseroberfläche liegt wie beim Abfluß (A). Konstante Wasserzufuhr vorausgesetzt und unter Vernachlässigung etwaiger Reibungsverluste: Aus welcher Öffnung fließt das Wasser mit größerer Geschwindigkeit, und warum?

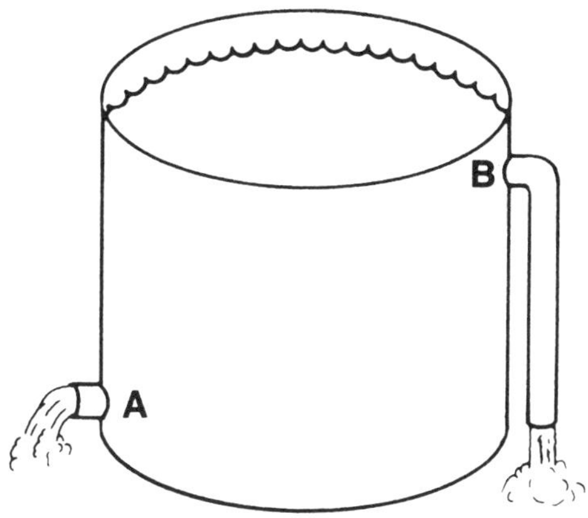

6. GEWICHTSPROBLEME. Selbst wenn Sie völlig unbeweglich auf einer Waage stehen, bleibt die Gewichtsanzeige nie ganz ruhig, sondern schwankt etwas. Woran liegt das?

7. FEUER FREI! Ein Mann hält ein Gewehr waagerecht in einer Höhe von 1,80 Meter über der Erde. Genau in dem Augenblick, wo er feuert, wird eine zweite Kugel aus der selben Höhe fallengelassen. Unter Vernachlässigung etwaiger Reibungsverluste oder der Erdkrümmung: Welche Kugel schlägt zuerst auf?

8. LUFTBALLON. Ein luftgefüllter Ballon wird von einem Gewicht so unter Wasser gehalten, daß er nicht sinkt und sein oberer Rand gerade die Wasserlinie berührt.

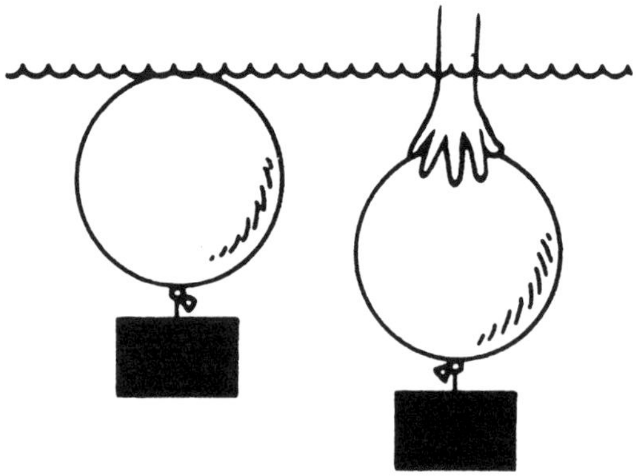

Was passiert nun, wenn Sie den Ballon (wie im Bild) unter die Oberfläche drücken – steigt er wieder auf, bleibt er schweben, wo Sie ihn losgelassen haben oder sinkt er?

9. DAS PERFEKTE PIANO. Wenn zwei sehr nah beieinander liegende Töne (z.B. von 256 und 257 Schwingungen pro Sekunde) gleichzeitig gespielt werden, kann man ein Interferenzmuster von »Pulsschlägen« hören. In unserem Beispiel wird man einen »Schlag« pro Sekunde hören können. Nun haben Sie sich ein sehr gutes Konzertpiano gekauft und wollen es stimmen lassen. Sie engagieren einen erstklassigen Klavierstimmer, der die Stimmung des Klaviers mit einer Reihe von Stimmgabeln überprüft. Wie lange wird der Experte brauchen, um das Klavier perfekt, also interferenzfrei, zu stimmen? (a) Etwa eine Stunde, (b) etwa einen Tag, (c) etwa eine Woche, (d) etwa ewig.

10. U-BOOT. Jeder Kapitän eines U-Boots vermeidet um jeden Preis, sein Fahrzeug auf sandigem Meeresgrund aufsetzen zu lassen. Er weiß, daß das fatale Konsequenzen haben kann. Welche und warum?

6.

Das Aha-Erlebnis!

An den vorangegangenen Aufgaben dürfte sich Ihr Verstand schon etwas geschärft haben. Hier folgen nun 10 weitere Fragen, bei denen es darauf ankommt, die bekannten breitgetretenen Denkwege zu verlassen. Der richtige Problemblick führt zur einfachen Lösung mitsamt der wunderbaren »Aha-Erfahrung«.

1. TORTENSCHLACHT. Eine Effizienz-Expertin feierte ihren Geburtstag. Dabei dachte sie über die wirkungs-

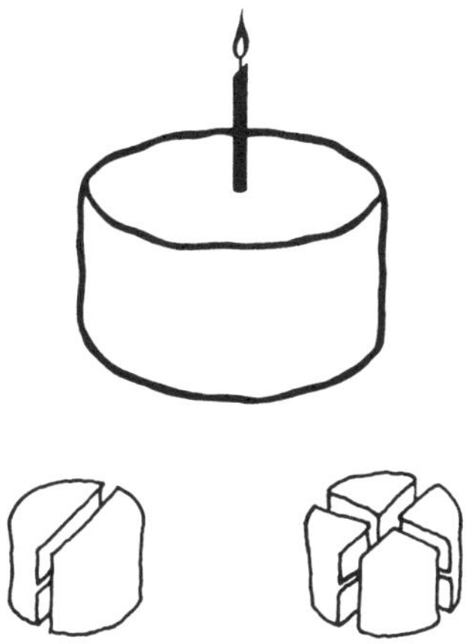

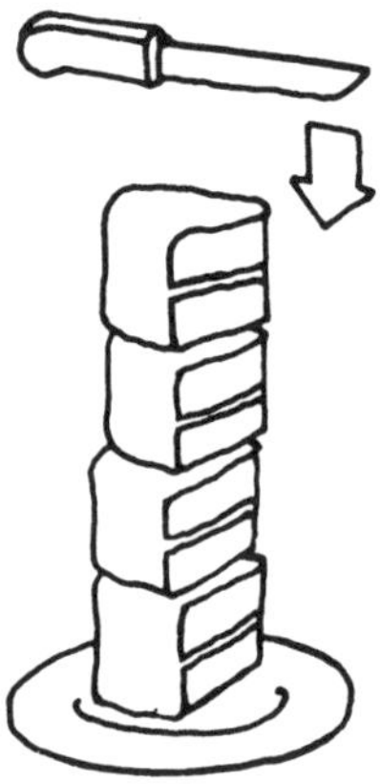

vollste Art nach, den Kuchen zu teilen. Mit einem Schnitt konnte sie ihn in zwei gleich große Stücke zerteilen, mit einem senkrecht dazu geführten zweiten Schnitt erzeugte sie vier gleich große Stücke. Kann sie acht gleich große Stücke mit nur einem weiteren Schnitt zurechtschneiden? Natürlich könnte sie die vier Viertel übereinanderstapeln und senkrecht zerteilen, aber das würde dem Kuchen wohl nicht sonderlich bekommen. Gibt es also einen anderen Weg, den Kuchen mit nur drei Schnitten in acht gleich große Stücke zu zerlegen?

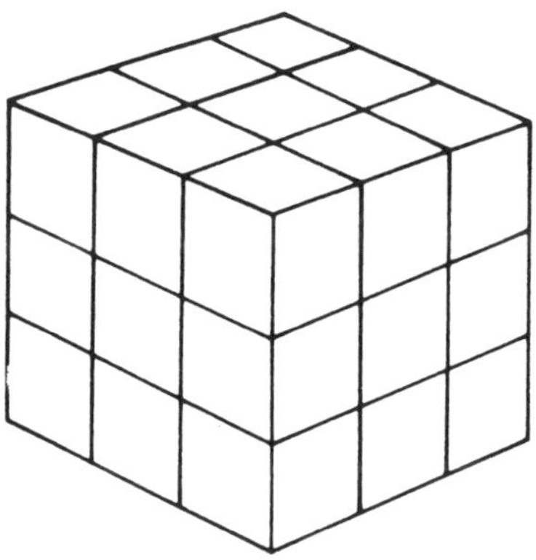

2. DER ZERTEILTE WÜRFEL. Als die Party zu Ende und der Kuchen aufgegessen war, fiel der Effizienz-Expertin ein anderes Problem ein. »Mit sechs Schnitten kann ich einen großen Würfel in 27 kleinere Würfel zerlegen«, überlegte sie und bewies es sich schnell an einem dicken Block Cheddarkäse. »Wenn ich nun nach jedem Schnitt die Stücke optimal übereinanderstaple, läßt sich dann ein Würfel mit weniger als sechs Schnitten in 27 kleinere Würfelchen zerteilen?« Gerade wollte sie einige Stapelmethoden ausprobieren, da überfiel sie ein Aha-Erlebnis und beantwortete ihre Frage.

3. DER MÖNCH AUF DEM BERG. Eines Morgens machte sich ein buddhistischer Mönch auf den Weg zu einem Tempel, er auf einem Berggipfel lag. Den ganzen Tag über folgte er einem aufwärts führenden schmalen Pfad, bis er kurz vor Sonnenuntergang sein Ziel erreichte; er wanderte dabei aber nicht immer mit der gleichen Geschwindigkeit, sondern hielt auch manchmal an, um etwas zu essen oder die Aussicht zu bewundern. Am folgenden Morgen machte er sich wieder auf den Heimweg, der zwar bergab etwas schneller ging, doch auch jetzt ging er nicht mit konstanter Geschwindigkeit.

Gibt es entlang des Pfades einen Punkt, den der Mönch dennoch an beiden Tagen zur gleichen Zeit passierte?

4. EIN MISSIONAR IN DER KLEMME. Ein Missionar wurde von Wilden gefangen, die ihm ankündigten: »Du darfst noch einen Satz sagen. Wenn er wahr ist, wirst du in heißem Fett gebacken. Ist er aber falsch, dann erschießen wir dich mit vergifteten Pfeilen.« Der schlaue Missionar

dachte kurz nach, dann fiel ihm ein Satz ein, der sein Leben rettete. Was sagte er?

5. DAS MERKWÜRDIGE WETTRENNEN. Zwei Ritter hielten um die Hand von Prinzessin Priszilla an. Jeder von ihnen behauptete, der beste Reiter im ganzen Land zu sein. Dem König aber gefiel keiner der beiden Bewerber, und außerdem wollte er sein Töchterchen sowieso nicht weggeben. Also organisierte er ein Pferderennen und verkündete, der Ritter könne seine Tochter heiraten, dessen Pferd *als letztes* die Ziellinie überquerte. Er hoffte, auf diese Weise beide Reiter loszuwerden, da ja keiner vor dem anderen losreiten würde. Die Prinzessin aber war ziemlich wild entschlossen, zu heiraten und ihren strengen Vater zu überlisten. Kaum flüsterte sie den beiden Rittern etwas ins Ohr, da galoppierten sie los wie vom Teufel verfolgt. Was sagte sie ihnen?

6. DREIECKE. Lassen sich aus sechs Streichhölzern vier gleich große, gleichseitige Dreiecke bilden?

Eine Methode sehen Sie hier, aber die Dreiecke sind verschieden groß: zwei kleinere und zwei größere.

Andere Formen erzeugen sechs oder acht Dreiecke, wie das Muster des Davidsterns.

In allen Fällen stimmt entweder die Anzahl oder die Größe nicht. Dennoch ist es möglich mit sechs Streichhölzern genau vier Dreiecke zu bilden, die gleich groß und deren Seiten genau ein Streichholz lang sind. Wie schon bei den anderen Aufgaben kommt es hier darauf an, sein Denken aus den normalen Zonen heraus in eine neue Dimension zu heben.

7. SEQUENZ. Was ist das System hinter der folgenden Zahlenreihe?

8 3 1 5 9 0 6 7 4 2

8. ÄPFEL UND BIRNEN. Drei Kartons tragen die Aufschriften »Äpfel«, »Birnen« und »Äpfel und Birnen«. Keines der Etiketten stimmt. Sie sollen nun die richtigen Aufschriften anbringen! Dazu dürfen Sie freilich nur *einmal* in eine Schachtel greifen und nur *eine* Frucht herausholen. Tasten und lauern verboten!

9. FAMILIENPLANUNG. Genetiker haben eine neue Algenart gezüchtet, die sich pro Minute einmal in der Mitte teilt. Jeder neue Organismus wächst zur Originalgröße heran und verdoppelt sich eine Minute später aufs neue, und so weiter. Zwei Algen werden um 14 Uhr in ein Reagenzglas gesteckt. Zwei Stunden später ist das Glas voll.

Um wieviel Uhr war das Reagenzglas halbvoll?

Wenn der Biologe um 14 Uhr nur eine Alge hineingegeben hätte, wie lange hätte es dann gedauert, bis sich das Glas gefüllt hätte?

10. WINKEL. Zwei Diagonalen werden der Oberfläche eines Würfels so eingezeichnet, daß sie sich in einer Ecke treffen. Können Sie den ebenen Winkel zwischen ihnen berechnen?

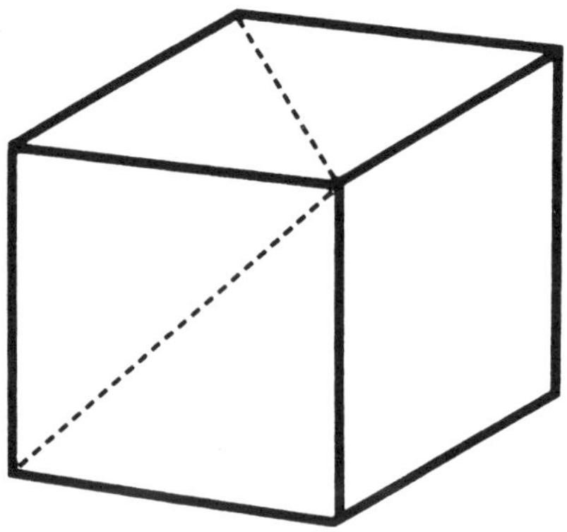

7.

Etwas für Spieler: Tic-Tac

»Das ist doch so simpel wie Tic-Tac und so einfach wie Schule schwänzen. Ich hoffe, Huck Finn, daß wir einen Weg finden, der etwas komplizierter ist.« – Mark Twain, Die Abenteuer des Huckleberry Finn

Sie haben bestimmt schon festgestellt, daß ich das Wort »Spiel« nicht so eng fasse, wenn ich über meine Themen nachdenke. In diesem Kapitel allerdings will ich mich an den ganz engen Sinn des Wortes halten: Spiel als Wettbewerb. Es werden einige Zwei-Personen-Spiele vorgestellt, bei denen man die Kräfte seines strategischen Denkens miteinander messen kann.

Tic-Tac-Varianten

Tic-Tac, oder »Drei-in-einer-Reihe«, haben die meisten von uns wohl zuletzt während der Schulzeit gespielt. Sie erinnern sich: Auf einem 3 × 3-Feld machen zwei Spieler abwechselnd ihre Kreise bzw. Kreuze. Wer als erster drei in einer Reihe hat – waagerecht, senkrecht oder diagonal –, hat gewonnen. Der erste Spieler hat drei verschiedene Eröffnungszüge: Er kann sein X in die Mitte, in eine Ecke oder an den Rand setzen. Auf jede dieser Eröffnungen kann der Spieler O nur mit einer begrenzten Anzahl von Zügen antworten, wenn er nicht verlieren will:

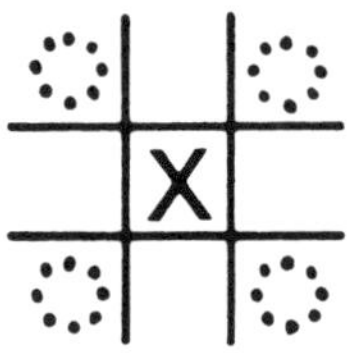

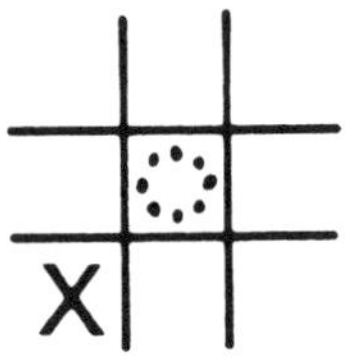

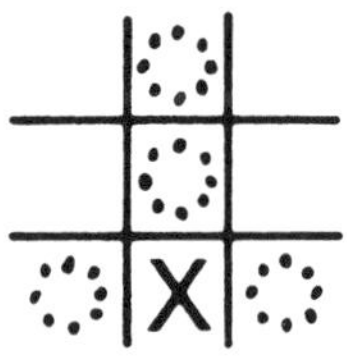

Hat man die optimale Strategie einmal gefunden, ist leicht festzustellen, daß zwei intelligente Spieler gegeneinander höchstens unentschieden spielen können, und das Spiel verliert seinen Reiz. Sie halten sich für unschlagbar? Hier sind einige Varianten der altbekannten Version, die dem Spiel wieder neuen Schwung geben.

1. TAC-TIC. In dieser umgedrehten Fassung *verliert,* wer als erster drei in einer Reihe hat. Sie ist sogar komplizierter als die ursprüngliche Version. Wenn Sie das Spiel eröffnen müßten, was wäre ihr erster Zug? Wie würden Sie auf eine gegnerische Eröffnung in der Mitte, der Ecke oder einem Seitenkästchen antworten?

2. WILDES TIC-TAC. Statt X und O aufzuteilen, darf nun jeder Spieler in jeder Runde wählen, welches Zeichen er wohin setzen möchte. Es gewinnt, wer zuerst drei gleiche Zeichen in einer Reihe hat. Welcher Spieler hat in diesem Spiel die bessere Position?

3. WILDES TAC-TIC. Eine Kombination der beiden ersten Varianten: Jeder Spieler darf nach Belieben X oder O einsetzen, und wer als erster drei in einer Reihe hat, verliert. Hier gibt es zwar einige recht komplizierte Strategien, doch wurde bewiesen, daß beide ein Unentschieden erzwingen können, wenn sie die richtigen Züge machen.

4. ZUGBRÜCKE. Hier gelten die normalen Tic-Tac-Regeln, doch die beiden Spieler haben unterschiedliche Aufgaben. Während einer versucht, ein Unentschieden zu erzwingen, gewinnt der andere, falls *einer* von beiden drei in einer Reihe hat. Da Spieler A bei jeder Dreierbrücke gewinnt, Spieler B hingegen, falls keine solche Brücke zustande kommt, kann dieses Spiel nie mit einem Unentschieden enden. Würden Sie dabei lieber Reihen bauen oder verhindern?

5. TIC-TAC MOBIL. Einige interessante Varianten entstehen, wenn man Tic-Tac nicht mit dem Bleistift, sondern mit beweglichen Spielsteinen (Münzen, Damesteinen, etc.) spielt. Abwechselnd setzt jeder der Spieler seine drei Steine auf das übliche 3 × 3-Brett. Falls jetzt noch kein Spieler eine vollständige Reihe gebildet hat, beginnt die Phase des Ziehens. Je nach Definition der Zugregeln entstehen verschiedene Spiele mit eigenen Strategien.

In einer sehr alten, »Neun Löcher« genannten Version, die ursprünglich mit Kieselsteinen im Sand gespielt wurde, dürfen die Spieler ihre Steine in jedes freie Kästchen set-

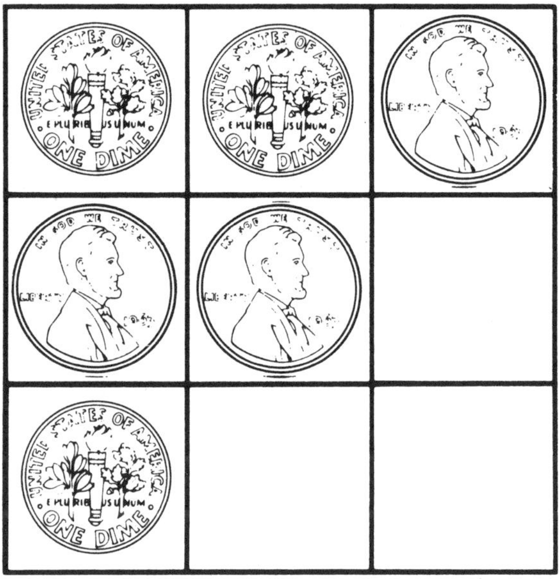

zen. Gewonnen hat die erste waagerechte oder senkrechte Dreierreihe (also ohne Diagonalen). Beim berühmten »Three-Men's-Morris« dürfen die Steine waagerecht und senkrecht nur um ein Feld verschoben werden. Die Gewinnregeln entsprechen dem normalen Tic-Tac, es gelten also auch die Diagonalen. Diese Regeln kann man erweitern, indem man auch Züge entlang der Diagonalen zuläßt, vielleicht mit der zusätzlichen Beschränkung auf die Hauptdiagonalen.

In der restriktiven ersten Version war dieses Spiel schon viele Jahrhunderte vor unserer Zeit in Griechenland, Rom und China bekannt. Der erste Spieler kann immer gewinnen, wenn er oder sie den ersten Stein ins Mittelfeld setzt; diese Eröffnung sollte daher ausgeschlossen werden. Gibt es unter dieser Voraussetzung für eine der beiden Parteien eine zwingende Gewinnstrategie?

6. SPIEL OHNE GRENZEN. Statt sich auf ein 3 × 3-Feld zu beschränken, kann man Tic-Tac auch auf einem größeren Feld, beispielsweise einem Schachbrett spielen. Ziel bleibt nach wie vor, seine Steine in eine waagerechte, senkrechte oder diagonale Reihe zu bringen. Bei drei oder vier Steinen gewinnt der Anziehende immer, bei fünf Steinen aber beginnt das Spiel plötzlich sehr interessant zu werden. In dieser Fassung handelt es sich um ein altes orientalisches Spiel, das in Japan z. B. als *Go-Moku* oder *Gobang* bekannt ist und auf einem Go-Brett gespielt wird.

Kann es bei *Go-Moku* auch für den Nachziehenden eine Gewinnstrategie geben? Wie steht es mit Varianten, wo sechs oder sieben Steine in eine Reihe gebracht werden müssen? Gibt es eine Version, bei der der Nachziehende zwingend gewinnen kann?

Eine Variante von *Go-Moku* heißt *Ninuki-Renju;* gewinnen kann man hier nicht nur mit einer Reihe von fünf Steinen, sondern auch, wenn man es schafft, fünf Steinpaare des Gegners zwischen eigenen Steinen zu fangen und vom Brett zu nehmen.

7. WORTSALAT. Nun zur Abwechslung einmal kein Brettspiel: Zunächst wird jedes der folgenden Wörter auf einen eigenen Zettel geschrieben und mit der Schrift nach oben auf den Tisch gelegt: ARM, MUND, HAUT, BERT, IHN, OHR, TIM, GABI und BUG.

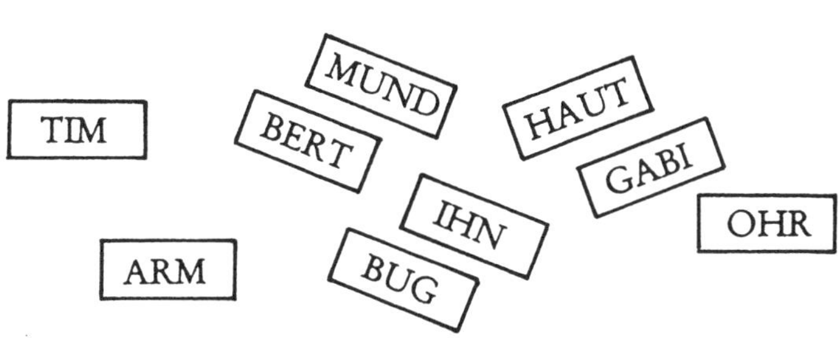

Abwechselnd nimmt jeder der beiden Spieler einen Zettel vom Tisch. Wer als erster drei Karten mit einem gemeinsamen Buchstaben zusammen hat, gewinnt. Natürlich besteht ein Teil der Strategie darin, solche Wortzettel zu sammeln, die der Gegner für seine Kombinationen benötigt. Gibt es noch andere Überlegungen? Wenn beide ihre besten Züge machen, gewinnt dann der erste Spieler oder der zweite? Oder gibt es ein Unentschieden?

8. FÜNFZEHN. Das folgende Spiel eignet sich hervorragend für Wohltätigkeitsveranstaltungen. Der Spielleiter steht hinter einem Spielfeld, das in neun numerierte Felder aufgeteilt ist. Das Ziel des Spiels ist es, durch Plazieren von Geldscheinen drei Felder zu besetzen, die zusammen 15 ergeben. Ein einmal besetztes Feld darf nicht mehr gespielt werden. Der Spielleiter ist so großzügig und überläßt es Ihnen, ob Sie beginnen wollen oder nicht. Er steigert sein Angebot sogar noch, indem er Ihnen anbietet, mit 5-DM-Scheinen zu spielen, während er selbst 20-DM-Scheine einsetzen wird. Der erste Spieler mit einer Summe von 15 aus drei Feldern bekommt das ganze Geld.

Angenommen, Ihr erster Einsatz geht auf die 3. Ihr Gegner setzt 20 DM auf die 7. Ihr zweiter Schein geht auf

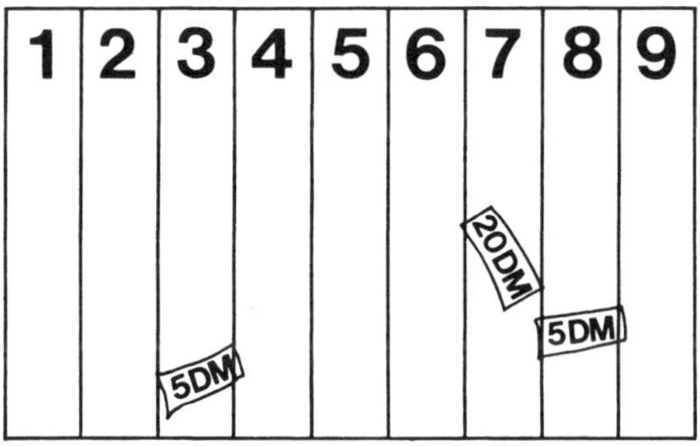

die 8, in der Hoffnung, im nächsten Zug das Spiel mit der 4 zu gewinnen. Wie spielen Sie weiter, wenn Ihr Kontrahent aber selber die 4 übernimmt?

Was ist die optimale Strategie für »Fünfzehn«? Es gibt eine wesentliche Strukturgleichheit zwischen diesem Spiel und dem vorigen. Worin besteht sie?

9. TIC-TAC-SCHACH. Dies ist nochmals eine Tic-Tac-Variante auf dem 3 × 3-Brett. Als Spielsteine verwendet man jeweils Dame, König und Turm vom Schach. Zunächst werden die Figuren abwechselnd ins Spielfeld eingesetzt, danach werden sie wie im Schach gezogen. Zusätzlich dürfen gegnerische Figuren übersprungen werden. Die Figuren dürfen nicht auf Felder gezogen werden, die sie beim vorigen Zug gerade erst verlassen haben. Natürlich werden keine Steine geschlagen und es gibt auch kein »Schach«. Spielziel ist wie immer die Bildung einer Dreierreihe.

8.

Geometrie-Quiz

Vielleicht sind die folgenden Fragen etwas schwieriger als diejenigen, die Sie bisher gelöst haben. Aber wenn Sie in der Schule auf Geometrie nicht völlig verzichtet haben, sollten Sie wenigstens fünf Richtige erreichen. Es kommen keinerlei Trickfragen vor, alle Aufgaben verlangen nichts weiter als den bekannten Problemblick.

1. DEN KREIS ZERLEGEN. Wir beginnen mit einer leichten Frage: In wieviele Teile kann ein Kreis mit vier geraden Linien zerlegt werden?

2. DIE QUADRATUR DES DREIECKIGEN KREISES. In einem Brett befinden sich drei Öffnungen: eine runde, eine quadratische und eine dreieckige. Der Kreis hat einen Durchmesser von 10 cm, das Quadrat besitzt eine Kantenlänge von 10 cm und beim gleichschenkligen Dreieck betragen Basis und Höhe je 10 cm. Die Aufgabe besteht darin, aus einem Holzklotz *eine* Figur zu konstruieren, die vollständig und präzise durch alle drei Löcher hindurchpaßt. Dabei muß jede Öffnung die Figur an

wenigstens einer Stelle nahtlos umschließen. Die Figur besitzt keine konkaven, sondern nur plane oder nach außen gewölbte Flächen.

3. SPINNE UND FLIEGE. Schauplatz dieser Aufgabe ist eine 6 × 15 Meter große und 6 Meter hohe Halle. In der Mitte der einen Stirnwand sitzt 50 cm über dem Boden eine Spinne. Sie möchte eine Fliege verspeisen, die sich 50 cm unterhalb der Decke der anderen Stirnwand in ihrem Netz verfangen hat. Wie lang ist der kürzeste Weg, den die Spinne zur Fliege zurücklegen muß? Wenn sie gerade nach unten krabbelt, in gerader Linie über den

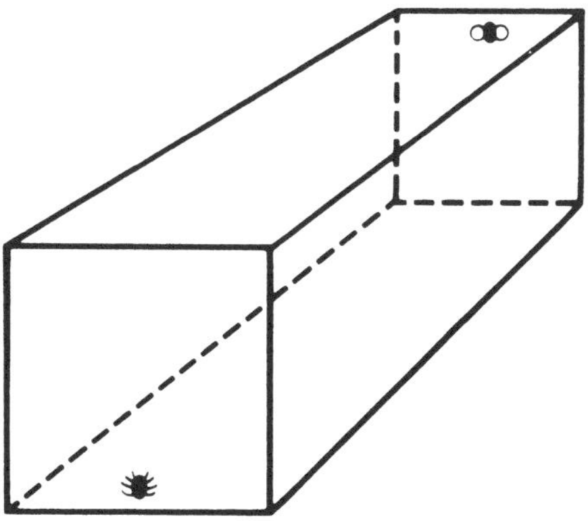

Boden und genau senkrecht die andere Wand hoch, legt sie eine Strecke von 21 Metern zurück. Überraschenderweise ist dies nicht der kürzeste Weg. Finden Sie einen kürzeren?

4. DAS GOLDFISCHBECKEN. In der Mitte des Stadtparks liegt ein kleines, kreisrundes Goldfischbecken, das mit Fischen bestückt werden soll. Ein besonders prächtiges Exemplar wird am Rand des Beckens ins Wasser gelassen. Der Fisch schwimmt genau 6 Meter weit nach Norden, bevor er an den Rand stößt. Von dort schwimmt er ostwärts und stößt nach 8 Metern wieder an den Rand. Welchen Durchmesser hat das Becken?

5. PURZELNDE POLYEDER. Jede Oberfläche eines konvexen Polyeders kann als Basis dienen, wenn der Körper auf eine waagerechte Fläche gestellt wird. Bei regelmäßigen Polyedern, z. B. bei einem Würfel oder Tetraeder, befindet sich der Schwerpunkt der ganzen Figur stets genau über der Mitte der betreffenden Seite. Die Lage der Figur ist daher auf jeder Seite stabil. Instabile Polyeder haben demgegenüber eine Form, wo sich der Schwerpunkt nicht genau über jeder Basis befindet: Auf eine solche Seite gestellt, kippt die Figur um.

Kann man einen unregelmäßigen Polyeder konstruieren, der überhaupt keine stabile Seite hat?

6. KREISE IN QUADRATEN. Zeichnen Sie eine Folge von fünf ineinander verschachtelten und sich nur gerade berührenden Kreisen und Quadraten, so daß Sie von außen nach innen die Folge Kreis-Quadrat-Kreis-Quadrat-Kreis erhalten. Der Durchmesser des äußeren Kreises beträgt 10 cm. Wie groß ist der Durchmesser des innersten

Kreises? Wenn Sie wissen, was Sie tun, können Sie dieses Problem sogar im Kopf lösen.

7. SCHWIERIGES ERBE. Bauer Krauskohl besaß einmal ein quadratisches Stück Land. Er wollte es so aufteilen, daß jeder seiner vier Söhne nach seinem Tod ein gleichförmiges Viertel des ursprünglichen Landes erhielt. Leider mußte er nach einer schlechten Ernte eine der vier Parzellen verkaufen, so daß ihm nur noch ein L-förmiges Feld (wie auf der Abbildung) übrigblieb. Nun grübelte er, wie er den Rest so aufteilen konnte, daß alle Söhne ein gleich großes Stück Land erbten. Beim Abendessen verriet ihm seine Frau die Lösung.

Ein Tip: Jede Parzelle hat die gleiche L-Form wie das ursprüngliche Feld. Es gibt nur eine Lösung.

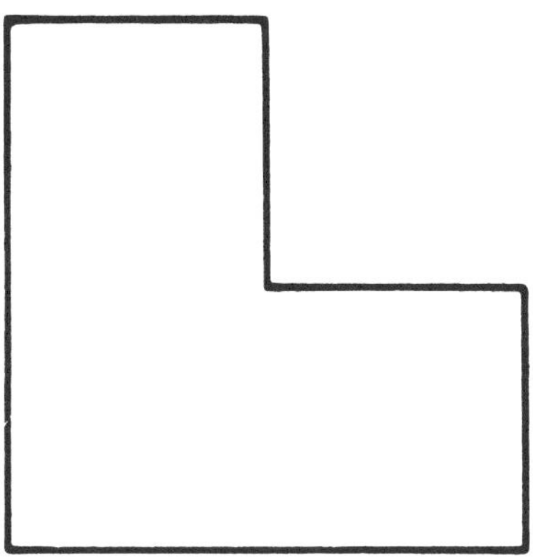

8. KRAUSKOHLS KOPFZERBRECHER. Bauer Krauskohls Problem gehört in die Gruppe der klassischen geometrischen Zerlegungsaufgaben. In einer ähnlichen Aufgabe hat das Stück Land ursprünglich die Form eines gleichseitigen Dreiecks, von dem nach Verkauf eines Vier-

tels das abgebildete Trapez übrigbleibt. Wie läßt sich diese Fläche in vier gleiche Teile zerlegen?

Hinweis: Wie schon in der vorigen Aufgabe, haben alle vier Stücke die gleiche Form wie das Original.

9. KREISRUND. Wie groß ist der Durchmesser des hier abgebildeten Kreises?

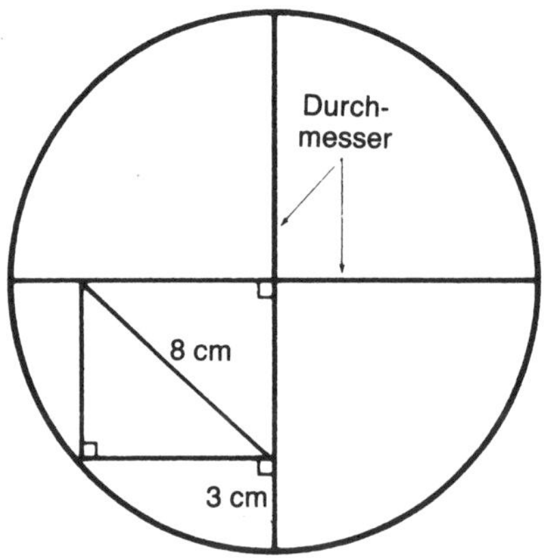

10. KEIN LOCH IN DER LOGIK. Zum Schluß nun eine ziemlich schwierig scheinende Aufgabe. Auch wenn es einen anderen Anschein hat, sind alle benötigten Informationen vorhanden.

Mitten durch eine Kugel wird ein zylindrisches Loch gebohrt. Von Rand zu Rand ist das Loch 10 cm lang. Wieviele Kubikzentimeter Masse verbleiben der verstümmelten Kugel? Nein, den Durchmesser der Bohrung sagen wir nicht. Nein, die Größe der Kugel wird auch nicht verraten. Jawohl, das Problem kann so gelöst werden.

9.
Wortspiele: Die Logik der Sprache

Die folgenden Aufgaben testen Ihre Fähigkeit, mit Wörtern und Sätzen zu jonglieren. Einige Fragen sind nicht sehr schwierig, andere hingegen recht einfach.

1. GEMEINSAMKEIT. Was haben diese Wörter miteinander gemeinsam?

deftig, First, Panoptikum, Stuhl, Chefgehabe

2. ZU HABEN GEHABT. Bitte setzen Sie im folgenden Wortgebilde Satzzeichen ein, so daß das Ganze einen Sinn macht.
Paul während Maria gehabt hatte hatte hatte hatte gehabt hatte hatte die Billigung des Lehrers.

3. ALPHABET. Wenn man alle Zahlen buchstabiert, gibt es nur zwei, deren Buchstaben in alphabetischer Reihenfolge stehen. Welche? (Ein Tip: Sie liegen zwischen 1 und 1000.)

4. ZÄHLWERK. Wie weit muß man zählen, bis man auf eine Zahl trifft, in der ein *M* vorkommt?

5. KÖRPERTEILE. Nennen Sie fünf Körperteile, die mit nur drei Buchstaben geschrieben werden.

6. ASSOZIATION. Welches Wort aus der unteren Gruppe paßt in die obere Wortgruppierung?

Mann, Sturm, Bank, Sack

Mond, Uhr, Ball, Ei

10.

Der Kiesel-Computer

Mathematik braucht nicht anstrengend oder langweilig zu sein. Manchmal lassen sich sogar in den einfachsten Operationen, wie z. B. der Multiplikation zweier Zahlen, noch Überraschungen entdecken. Dieser Beitrag wendet sich dabei an alle, die die Mathematik hassen.

Es wird berichtet, daß es vor vielen Jahren in Äthiopien einen Stamm gab, der keine Zahlen multplizieren konnte. Allerdings konnten die Stammesleute Zahlen verdoppeln oder halbieren, und zwar mit Hilfe von Kieselsteinen. Ein Häufchen Steine wurde in der Mitte geteilt, um eine Zahl zu halbieren, und verdoppelt, um eine Zahl zu verdoppeln. Mit diesem privimitven Hilfsmittel entwickelten sie ein System der Multiplikation, das westlich orientierte Rechenkünstler heute noch verblüfft.

Angenommen, ein Kaufmann wollte 15 Ziegen für je 13 DM kaufen. Wir würden die beiden Zahlen multiplizieren und als Ergebnis 195 DM erhalten. Die Äthiopier jedoch würden die Zahlen in zwei Spalten mit den Überschriften *Halb* und *Doppelt* setzen:

HALB	DOPPELT
13	15

Die Reihenfolge ist hierbei Egal. Nun wird die 13 halbiert zu 6½; das ½ wird nicht weiter beachtet, Äthiopier interessieren sich nicht für Brüche. Die 15 wird verdoppelt.

In der rechten Spalte werden die Zahlen so oft verdoppelt, bis in der linken durch ständiges Halbieren (und Vernachlässigen irgendwelcher Bruchteile) die 1 erreicht ist:

HALB	DOPPELT
13	15
6½	30
3	60
1½	120

An diesem Punkt nun erinnerten sich die Äthiopier, so erzählt man, an einen alten Aberglauben. Sie nahmen an, daß jedes Zahlenpaar mit einer geraden Zahl in der HALB-Spalte böse war und vernichtet werden mußte, in diesem Beispiel also die 6 und die 30. Schließlich wurden die verbleibenden Zahlen der DOPPELT-Spalte addiert:

HALB	DOPPELT
13	15
3	60
1~~½~~	120
	195

Es funktioniert! Probieren Sie das System an einem Paar beliebig großer Zahlen aus, es funktioniert immer. Mathematiker behaupten, wenn wir nur vertrauter mit dem binären Zahlsystem wären, würden wir diese Prozedur unmittelbar einleuchtend finden. (In binärer Schreibweise wird 13 × 15 = 195 ausgedrückt als 1101 × 1111 = 11000011. Alles klar?) Die meisten von uns aber, die höchstens das Dezimalsystem beherrschen, dürften den äthiopischen Kiesel-Computer wohl so unverständlich finden wie einen Digitalrechner, der auf das Rasierwasser des Programmierers reagiert.

11.

Klassiker

In diesem Abschnitt werden einige der beliebtesten Rätselfragen aller Zeiten vorgestellt. Generationen haben über ihnen gebrütet, und ich halte es für beinahe unmöglich, daß Sie nicht die eine oder andere schon kennen. Wer sich schon länger mit solchen Fragen beschäftigt, kennt sie bestimmt alle, weshalb unsere Antworten sie auch genauer beleuchten werden als üblich.

1. DIE FÜNF ZIMMER. Dies ist eine der herausforderndsten Aufgaben, die je erfunden wurden. Ich bekomme sie häufiger als jede andere von meinen Lesern zugesandt, gewöhnlich mit einer Bemerkung der Art »... stundenlang versucht. Können Sie mir helfen?« Die Aufmerksamkeit unzähliger Schulstunden dürfte Jahr für Jahr in fruchtlosen Lösungsversuchen versickern. Das Problem ist einfach beschrieben, und es gibt viele Lösungen, die beinahe funktionieren, aber eben nicht ganz.

Vor Ihnen liegt der auf der nächsten Seite abgebildete Grundriß einer Wohnung. Sie sollen nun eine durchgehende Linie ziehen, die jedes der 16 Wandstücke einmal

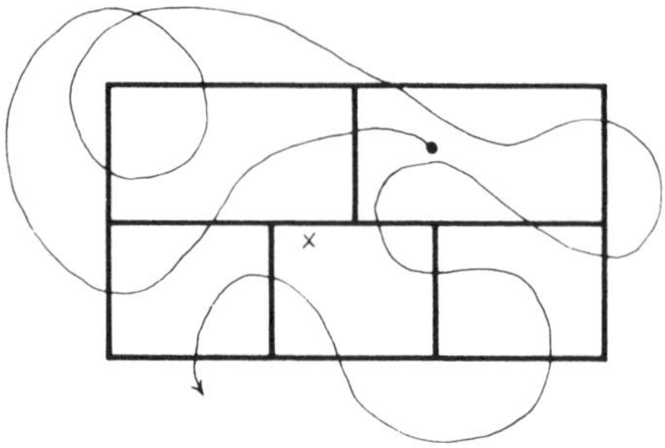

und nur einmal kreuzt. Die Abbildung zeigt einen mißlungenen Versuch, da das mit (X) markierte Stück unberührt geblieben ist.

Gibt es einen Weg, der die Bedingung erfüllt? Die Antwort lautet *Nein.* Läßt sich das beweisen? Ein Tip: Der Beweis beruht auf dem Vergleich der Anzahl der Räume mit der der Mauerstücke und der Überlegung, wo die Linie wohl beginnen und enden könnte.

2. STADTWERKE. Hier ist noch eins der notorisch unlösbaren Rätsel. Die Aufgabe besteht darin, drei Häuser mit Gas, Wasser und Strom zu versorgen, ohne daß sich die Leitungen kreuzen. Die Wege können so lang und so

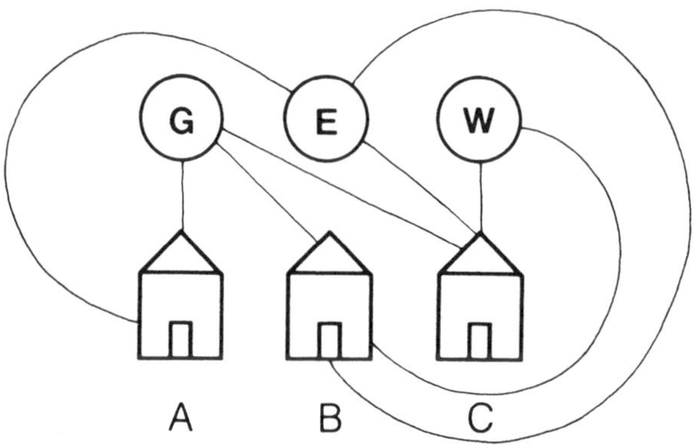

verschlungen sein, wie man will, solange sie sich nicht überschneiden oder ein Haus durchqueren. Die Abbildung zeigt eine beinahe gelungene Lösung. Alle Leitungen sind gelegt, bis auf den Wasseranschluß für Haus A. Gelingt es Ihnen, oder können Sie zeigen, daß niemand es kann?

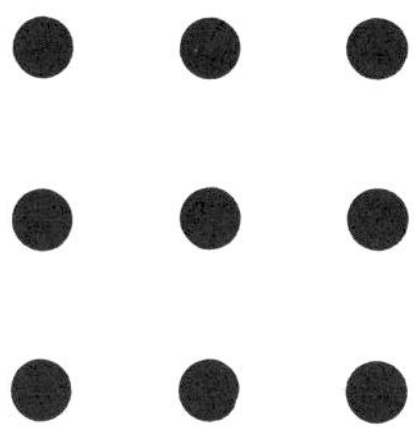

3. NEUN PUNKTE. Neun Punkte sind quadratisch angeordnet. Können Sie, ohne den Stift abzusetzen, vier gerade Linien ziehen und alle Punkte dabei berühren?

Diese Aufgabe zeigt vorzüglich, welche unbewußten Vorurteile vom angemessenen Blick auf ein Problem abhalten. Man neigt dazu, die Linien nur innerhalb selbstgesetzter Grenzen zu suchen. Lassen Sie sich nicht von unausgesprochenen Bedingungen beengen. Das Problem löst sich auf, wenn Sie aus dem üblichen Denkgehäuse heraustreten.

4. WELCHE FARBE HATTE DER BÄR? Ein Forscher entdeckt 100 Meter südlich seines eigenen Standpunktes einen Bären. Während der Forscher stehenbleibt, bewegt sich der Bär etwa 100 Meter weit nach Osten. Da nimmt der Forscher das Gewehr hoch, feuert genau nach Süden und erlegt das Tier. Welche Farbe hatte der Bär?

Die klassische Antwort lautet hier, der Bär sei weiß gewesen, da der Standpunkt des Forschers der Nordpol war. Es gibt keine Eisbären am Südpol; aber wenn es so wäre, könnte der Forscher dann auch in der Antarktis gestanden haben? Die Antwort ist *Ja.* Es gibt sogar drei – unendliche – Mengen möglicher Standorte in der Nähe des Südpols, welche die Bedingungen des Problems erfüllen. Fällt Ihnen dazu was ein? Die endgültige Analyse des Problems findet sich in Benjamin Schwartz' Artikel »What Color Was the Bear?« (*Mathematics Magazine,* Heft 34, Sept. 1960).

5. FALSCHMÜNZEREI. Hier sehen Sie 10 Geldsäcke, die alle mit einer gleich großen Anzahl von Münzen gefüllt sind. Die Münzen sehen alle gleich aus, doch enthält ein Beutel lauter Fälschungen, die stets ein Gramm leichter sind, als die Originale. Sie verfügen über eine Waage mit Gramm-Einteilung, die Sie jedoch nur einmal benutzen dürfen. Wie bestimmen Sie den Sack mit den zu leichten Geldstücken?

6. ZWÖLF MÜNZEN. Diesmal liegen 12 Münzen vor Ihnen, von denen eine gefälscht ist und entweder leichter oder schwerer als die Originale ist. Als Hilfsmittel steht Ihnen eine zweischalige Apothekerwaage ohne Skala zur Verfügung. Können Sie mit höchstens *dreimaligem* Wiegen die gefälschte Münze herausfinden und bestimmen, ob sie leichter oder schwerer ist als die anderen?

Diese Aufgabe halten manche für das beste Heilmittel gegen einen gesunden Schlaf. Ich möchte Sie ermuntern, wirklich hart an der Lösung zu arbeiten, bevor Sie die Antwort nachschauen. Sie ist nicht einfach, aber die Befriedigung ist enorm, wenn man die Lösung gefunden hat.

7. DAS UHRENPROBLEM. Sie schauen um 12 Uhr mittags auf die Uhr und sehen, daß der große und der kleine Zeiger genau übereinander stehen. Wie oft werden die Zeiger bis Mitternacht wieder übereinander stehen? Diese Aufgabe ist bestens geeignet, um lange Diskussionen zu provozieren.

12.

Sind Sie ein guter Beobachter?

... und haben immer schön aufgepaßt?

Jeden Tag sehen wir Dinge, ohne sie eigentlich richtig wahrzunehmen. Unsere Wahrnehmung konzentriert sich sofort auf das Wichtige und vernachlässigt das Zufällige. Vor allem unwesentliche Wiederholungen werden aus dem permanenten Strom von Reizen weggefiltert, um die signifikanten Informationen zu isolieren.

Wer aber entscheidet, was wirklich »wichtig« ist? Für einen wahrhaft aufmerksamen Beobachter wie Sherlock Holmes können sogar die trivialsten Daten eine Bedeutung erlangen. Die folgenden Fragen überprüfen, ob Sie bisher im Leben auch schön aufgepaßt haben.

1. In einer klaren Nacht sehen Sie die Mondsichel am Himmel stehen. Ist dieser Mond in der abnehmenden oder der zunehmenden Phase?

2. Wieviele Phasen hat eine normal geschaltete Verkehrsampel?
3. Laufen die Streifen einer Herrenkrawatte normalerweise von links oben nach rechts unten oder von rechts oben nach links unten?
4. In welcher Hand hält Justitia die Waage?
5. Zeigen Dürers *Betende Hände* nach links oder nach rechts?
6. Ist Salatöl schwerer oder leichter als Wasser?
7. Welche Farbe haben Ihre Strümpfe (nicht nachsehen!)?
8. Was ist die Notrufnummer der Feuerwehr?
9. Wie steht es im Duden: »Rythmus«, »Rhythmus« oder »Rhytmus«?
10. Schwingen Ihre Arme beim Gehen mit oder gegen die Bewegung der Beine?
11. Wieviele Streichhölzer sind ungefähr in einem Döschen (±2)?
12. In welche Richtung blickt der Bundesadler (vom Betrachter aus)?
13. Was ist die niedrigste MHz-Zahl auf einem UKW-Radio?
14. Über welcher Zahl liegt bei einer Schreibmaschine das %-Zeichen?
15. In welcher Richtung verläuft der rote Balken auf internationalen Zeichen wie »Parken verboten« oder »Rauchen verboten«?
16. Aus wievielen Zahlen wird die Auswahl beim Samstagslotto getroffen?
17. Auf welcher Seite einer Damenbluse liegen die Knopflöcher?
18. Auf welcher Seite befinden sich bei Büchern die ungeraden Seitenzahlen?

19. Hier sehen Sie zwei Würfel. Beim einen sind die Punkte richtig verteilt, der andere ist ein Spiegelbild. Welcher ist der richtige?

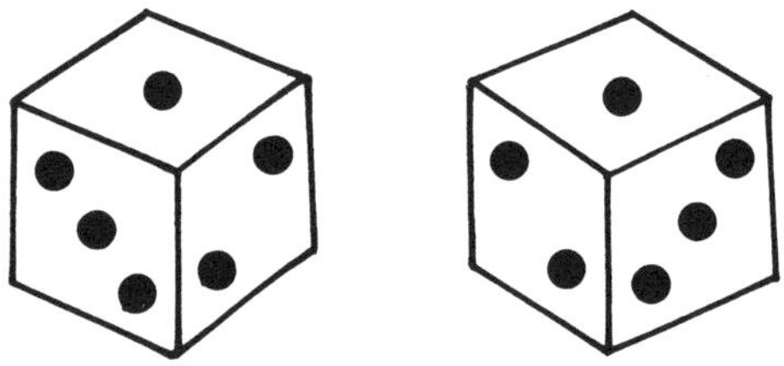

20. Auf welcher Seite einer Armatur ist der Hahn für kaltes Wasser?
21. Wieviele Seiten hat ein normaler Bleistift?
22. Welche Staaten liegen am Bodensee?
23. Wieviele Flaschen sind in einem normalen Bierkasten?
24. Heißt es »Luxenbourg« oder »Luxemburg«?
25. Läuft bei einem Bleistift die Beschriftung von der Spitze zum Ende oder umgekehrt?
26. Auf welcher Spielkarte befindet sich der Aufdruck des Herstellers?
27. Auf der Vorderseite eines 20-Mark-Scheins ist ein Frauenkopf abgebildet. Welche Gegenstände verbergen sich auf der Rückseite?
28. Tastentelefone haben 12 Tasten. Welche Symbole befinden sich auf den beiden Tasten ohne Ziffern?
29. Welches Bauwerk zeigt die Rückseite eines 50-Mark-Scheins?
30. Im normalen Skatblatt gibt es einen Bauern, der nur ein Auge hat. Welcher Bauer ist das?

AUSWERTUNG

29–30 Ausgezeichnet! Verlangen Sie sofort eine Gehaltserhöhung!

23–28 Gut. Sie kriegen zwar nicht alles mit, aber Sie kommen durch.

18–22 Durchschnittlich. Entweder gehen Sie genau so geistesabwesend durch die Welt wie die meisten von uns, oder aber es gibt »viel wichtigere Dinge«, über die Sie dauernd nachdenken müssen.

12–17 Na ja.

0–11 Erschütternd. Kein Kommentar. Sofort den Fernseher abschalten.

13. Einblicke (Teil Zwei)

In diesem Kapitel kommen wir auf das Thema »Richtiger Blick auf ein Problem« zurück. Die meisten Fragen sind leicht, wenn man sie von der richtigen Seite betrachtet. Vorsicht mit spontanen Einfällen!

1. DAS GOLDENE KETTCHEN. Disco-Doris besitzt vier Bruchstücke eines Goldkettchens, jedes hat noch drei Glieder. Sie möchte die Teile wieder zusammensetzen lassen, aber sie befürchtet, daß das zu teuer wird. Der Juwelier wirft ein Auge auf die vier Stücke und meint: »Ich

nehme eine Mark für das Öffnen eines Gliedes und eine Mark, wenn ich es wieder zusammenlöte. Hier muß ich vier Kettenglieder öffnen und wieder schließen. Macht acht Mark.«

»Mist!« schimpft Doris, »ich hab ja noch nicht mal sieben Mark. Dabei wollte ich das Kettchen morgen abend unbedingt anziehen.« Sie sammelt die Stücke ein und will gehen, da ruft der Juwelier: »Warte, es gibt noch eine Möglichkeit!« Was war ihm eingefallen, und wieviel mußte Disco-Doris bezahlen?

2. DIE RASTLOSE FLIEGE. Ein sehr teurer Ferrari fährt mit 50 Stundenkilometern über die Autobahn. Ihm kommt als Geisterfahrer mit 30 Stundenkilometern ein noch teurerer Maserati entgegen. Als sie genau 80 Kilometer voneinander entfernt sind, fliegt eine rastlose Fliege von der vorderen Stoßstange des Ferrari weg und mit 100 Stundenkilometern dem Maserati entgegen. Dort angekommen wendet sie und saust mit der gleichen Geschwindigkeit zum Ferrari zurück, wo sie abermals wendet. So fliegt sie pausenlos zwischen den aufeinander zufahrenden Wagen hin und her. Welche Entfernung hat die Fliege bis zum Moment des Zusammenstoßes (oder, falls Sie das zu sehr aufregt: des gerade noch abgewendeten Zusammenstoßes) zurückgelegt?

Ein Tip: »Keine Ahnung von Integralrechnung« kann hier als Entschuldigung nicht zugelassen werden.

3. INNENDIAGONALE. Vor Ihnen steht eine verschlossene und versiegelte Schachtel. Keine ihrer Seiten bildet ein Quadrat, aber alle sind rechteckig. Als Hilfsmittel besitzen Sie die üblichen Haushaltsgegenstände wie

Löffel, Lineale oder Tische. Die Aufgabe: Sie sollen die Länge der Innendiagonale bestimmen, d.h. der längstmöglichen Geraden, die von der Schachtel umschlossen sein kann. Wie so oft, gibt es eine Gruppe von Lösungen, die auf den langwierigen Einsatz von Formeln und Berechnungen zurückgreift. Aber es gibt auch ganz einfache und elegante Lösungen, die das Problem direkt angehen. Natürlich interessieren uns nur diese.

4. FAMILIENFEST. Uns wurde von einem Familientreffen berichtet, an dem ein Vater, eine Mutter, eine Tochter, ein Sohn, ein Bruder, eine Schwester, ein Vetter, eine Base, ein Neffe, eine Nichte, ein Onkel und eine Tante teilnahmen. All diese Beziehungen bestanden innerhalb der Gruppe, ein Sohn zum Beispiel stammt von einem auf dem Fest vertretenen Elternteil ab. Wieviele Personen waren *mindestens* auf dem Treffen? Ein Tip: Alle Anwesenden besitzen einen gemeinsamen Vorfahren.

5. GIB GAS, GUSTAV. Die 1000-km-Rallye ist in vollem Gang. Auf der Hälfte der Strecke stellt Champion Gustav Hupe fest, daß er bisher nur einen Schnitt von 50 km/h geschafft hat. Wie schnell muß er die zweite Hälfte der Strecke fahren, wenn er insgesamt auf einen Durchschnitt von 100 km/h kommen will?

6. DIE BADEWANNE. Ein Junge sitzt in der Badewanne und spielt mit einem Plastikschiff, das mit Schrauben und Muttern beladen ist. Wenn er die gesamte Ladung ins Wasser kippt und das Schiff leer treiben läßt, sinkt dann der Wasserspiegel in der Wanne, bleibt er gleich oder hebt er sich?

7. DIE BEFREITE SCHERE. Eine Schere wurde, wie abgebildet, an eine Schnur geknüpft. Die Enden der Kordel können von jemand festgehalten oder an eine Türklinke gebunden werden. Können Sie die Schere befreien, ohne die Schnur zu zerschneiden?

8. DAS FAHRRAD. Eine Schnur ist, wie in der Abbildung, an die Pedale eines Fahrrads geknotet. Während ein Helfer das Rad leicht am Sattel hält, damit es nicht umkippt, zieht ein anderer die Schnur nach hinten. Bewegt sich das Fahrrad dann vorwärts, rückwärts oder überhaupt nicht?

9. MARKTFORSCHUNG. Ein Marktforscher befragt einen Buchhändler, wieviele Exemplare eines gerade erschienenen Spielebuches er an diesem Tag verkauft hätte. Der Buchhändler ist selber ein Spielefan und antwortet: »Meine Kunden verschenken das Buch sehr gern und haben deswegen ganze Kartons davon gekauft. Der erste Kunde zum Beispiel kaufte die Hälfte meines Vorrats plus ein halbes Buch. Der zweite kaufte wiederum die Hälfte des Restes plus ein halbes Buch. Der dritte Kunde kaufte wieder die Hälfte der Exemplare, die noch übrig waren, plus ein halbes. Als der vierte Kunde schließlich nochmals die Hälfte des Vorrats und ein halbes Buch kaufte, war ich endgültig ausverkauft.«

Wir wollen annehmen, daß der Buchhändler keine Bücher zerreißt. Wieviele Exemplare hatte er dann am Morgen vorrätig?

10. SPIHK YOU INGLISCH? Die folgende Aufgabe wendet sich an die englischsprechenden Rätselfreunde. Wie oft kommt in dem eingerahmten Satz der Buchstabe F vor? Sie dürfen nur einmal zählen.

FINISHED FILES ARE THE RESULT OF YEARS OF SCIENTIFIC STUDY COMBINED WITH THE EXPERIENCE OF MANY YEARS.

14.

Fröhliche Physik

Sie wissen, wie die Welt funktioniert? Bei den folgenden Fragen ist eine allgemeine Kenntnis physikalischer Gesetze bestimmt ganz hilfreich, doch verlangen sie vor allem gesunde logische Überlegung.

1. ZWEI SCHRAUBEN. Hier sehen Sie zwei gleichartige Schraubbolzen, die mit ihren Gewinden zusammengehalten werden. Während Schraube A sich nicht bewegt, drehen Sie Schraube B gegen den Uhrzeigersinn um Schraube A herum. (Die Schrauben dürfen sich zwischen den Fingern nicht drehen.)

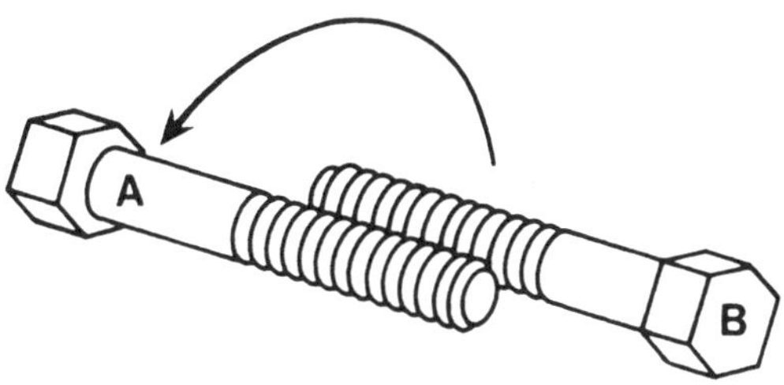

Entfernen sich die Schraubenköpfe voneinander, kommen sie sich näher oder bleibt die Entfernung gleich? Was passiert, wenn Schraube B *mit* dem Uhrzeiger gedreht wird?

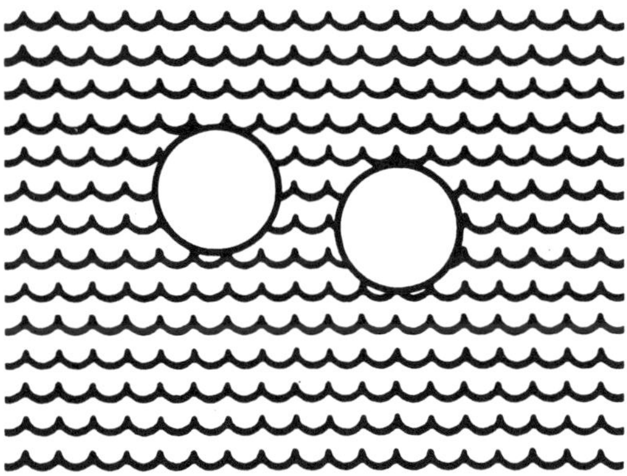

2. TROPFEN UND LUFTBLASEN. Wenn der Weltraum bis auf zwei Wassertropfen leer wäre, würden sie sich gegenseitig anziehen, behauptete Newton mit seinem Gesetz der Schwerkraft. Wenn der gesamte Raum aber bis auf zwei Blasen mit Wasser gefüllt wäre: Würden sich die Blasen gegenseitig abstoßen, anziehen oder gar nicht bewegen?

3. MAGNETTEST. In einem Raum befinden sich zwei gleich aussehende Eisenstäbe. Die Tür ist verschlossen, Türknopf und Schloß sind aus Messing, also magnetisch nicht aktiv. Einer der beiden Stäbe ist ein Magnet, der andere nicht. Sie besitzen keine weiteren Hilfsmittel. Wie können Sie herausfinden, welcher Stab der Magnet ist? Natürlich könnten Sie einen der Stäbe an einem Faden aufhängen und sehen, ob er sich in Nord-Süd-Richtung auspendelt. Gibt es eine einfachere Lösung?

4. RADTOUR. Von Freiburg fahren Sie mit dem Fahrrad auf die Spitze des Feldbergs. Auf dem Hinweg schaffen Sie einen Durchschnitt von 10 km/h, zurück geht es mit durchschnittlich 20 km/h. Was ist die Durchschnittsgeschwindigkeit für die gesamte Strecke?

5. DER EISENRING. Ein solider Eisenring in der abgebildeten Form wird über einem Feuer erhitzt. Während sich das Metall ausdehnt, wird die Öffnung in der Mitte größer, kleiner oder bleibt sie gleich?

6. MÜNCHHAUSENS AUFZUG. Schauen Sie sich die Zeichnung genau an. Kann der Mann sich selbst mitsamt dem Block nach oben ziehen?

7. AUFGEPASST. Was ist leichter: eine Schubkarre zu ziehen oder zu schieben?

8. ENERGIESPAREN. Die Kochtemperatur für Wasser liegt niedriger, wenn der Luftdruck abnimmt. Theoretisch könnte man also eine Saugpumpe mit einem Kessel verbinden und die Luft über dem Wasser absaugen. Das würde dann schneller anfangen zu kochen, und man könnte so Energie sparen. Oder nicht?

9. KANNE ODER KANNE NIT? Ein Camper versucht zu entscheiden, welche der beiden Kaffeekannen er kaufen sollte. Er möchte die, welche den meisten Kaffee fassen kann. Wir setzen voraus, daß der Durchmesser der beiden Kannen gleich ist. Welche würden Sie ihm empfehlen?

10. TÜR ZU! Sie befinden sich in einem Raum, der zu 100% mit Methangas gefüllt ist. Was passiert, wenn Sie ein Streichholz anzünden?

15.

Folgen Sie den Anweisungen

Für diesen Test gilt eine Zeitbegrenzung von zwei Minuten. Versuchen Sie, ihn so schnell wie möglich zu schaffen. Und nicht auf das Blatt des Nachbarn sehen!

Name ____________________

Datum ____________________

1. Lesen Sie bitte sorgfältig alle weiteren Anweisungen, bevor Sie etwas anderes tun.
2. Schreiben Sie Ihren Namen – Nachnamen zuerst – in die obere Zeile hinter dem Wort *Name.*
3. Machen Sie bitte einen Kreis um das Wort *alle* in Anweisung 1.
4. Unterstreichen Sie das Wort *Sie* in Anweisung 2.
5. Machen Sie einen Kreis um das Wort *unterstreichen* in Anweisung 4 und streichen Sie in Anweisung 1 das Wort *anderes* durch.
6. Malen Sie bitte einen Kreis um den Titel dieses Tests.

7. Kreisen Sie die Nummern der Anweisungen 1, 2, 3, 4 und 5 ein und machen Sie ein *x* über Nummer 6.
8. Kreisen Sie in Anweisung 7 die ungeraden Zahlen ein und unterstreichen Sie die geraden. Machen Sie einen Kreis um die Zahl 4 in Anweisung 5.
9. Schreiben Sie: »Ich verstehe die Anweisungen sehr gut« direkt unter den Titel dieses Tests.
10. Unterstreichen Sie bitte den Satz, den Sie gerade geschrieben haben.
11. Zeichnen Sie bitte ein etwa 1 cm großes Quadrat in die linke obere Ecke dieser Seite. Ziehen Sie einen Kreis um das Quadrat.
12. Streichen Sie die Nummern 8 bis 13 durch und kreisen Sie sie ein.
13. Schreiben Sie bitte ein *x* in das Quadrat in der oberen linken Ecke.
14. Streichen Sie Ihren Namen durch und schreiben Sie ihn am rechten Rand der Seite neu.
15. Schreiben Sie unten auf dieser Seite die erste Anweisung nochmal säuberlich ab.
16. Da Sie nun alle Anweisungen, wie in Vorschrift 1 angegeben, gelesen haben, befolgen Sie jetzt Anweisung 2. Befolgen Sie keine der anderen Anweisungen!

Na, wie genau haben Sie die Anweisungen befolgt? Es könnte sehr lustig sein, wenn Sie den Test kopieren und einigen Bekannten vorlegen. Sagen Sie ihnen, daß sie zwei Minuten Zeit dafür haben und verkünden Sie die Restzeit alle 15 Sekunden.

16.

Das Spiel mit dem Zufall

Interviewer: Wenn Sie nochmal von vorn beginnen könnten, würden Sie etwas anders machen?
Winston Churchill: Ja. Ich wünsche mir, ich hätte damals in Cannes und Monte Carlo Schwarz statt Rot gespielt.

Dreiundzwanzig Studenten saßen in Professor Meringdals Einführungskurs in die Statistik. Der Professor wollte ihnen das Berechnen von Mittelwerten erklären. Er bat jeden Teilnehmer um die Angabe seines Namens und Geburtsdatums und schrieb die Informationen an die Tafel:

1. Peter Meise – 29. April
2. Eva Lustig – 3. Februar

...

Nachdem er alle 23 Namen und Geburtstage notiert hatte, räusperte er sich und wollte mit seinem Vortrag beginnen, als sich eine Studentin meldete und rief:

»Was für ein Zufall! Da hat jemand am selben Tag Geburtstag wie ich, am 7. Mai. Ich habe noch nie jemand getroffen, der am gleichen Tag Geburtstag hat!«

Der Student mit dem entsprechenden Geburtsdatum zeigte sich ebenfalls beeindruckt. »Toll, ich auch nicht!« staunte er. »Es gibt, ohne Schaltjahre, 365 Möglichkeiten, und hier sind nur 23 Leute in der Klasse. Ich glaube, solche Zufälle kommen nicht sehr oft vor.«

Was glauben *Sie?* Für wie außergewöhnlich halten Sie ein solches Zusammentreffen? Wieviele Kurse dieser Größe müßten Sie noch besuchen, bis Sie wieder auf einen solchen Zufall stießen?

Erstaunlicherweise stehen die Chancen für solch ein Ereignis besser als 50 zu 50. In jeder zufällig ausgewählten Gruppe von 23 Personen ist es wahrscheinlicher, daß zwei denselben Geburtstag haben, als daß dies nicht so ist.

Wie ist das möglich? Nun, wir haben die Angewohnheit, solche Ereignisse zu persönlich zu betrachten. Wir fragen uns, wie wahrscheinlich es wohl ist, jemand zu treffen, der denselben Geburtstag hat wie *man selbst.* Aber das ist eine andere Frage. Es stimmt, daß für Sie die Chance, jemand mit ihrem Geburtsdatum zu treffen, genau 1 zu 365 beträgt. (Der Einfachheit halber kümmern wir uns hier nicht um Tatsachen wie den 29. Februar und die ungleichmäßige Verteilung der Geburten über das Jahr. Der Schalttag würde die Wahrscheinlichkeit etwas verringern, die ungleiche Verteilung etwas erhöhen.) Hier aber wird nur nach dem Zusammentreffen zweier beliebiger Geburtsdaten gefragt. Wenn die erste Person ihr Geburtsdatum nennt, gibt es 22 Möglichkeiten, ein passendes zweites Datum zu finden. Meldet sich niemand, so gibt es für die zweite Testperson weitere 21 Möglichkeiten, für die dritte 20, und so weiter. Insgesamt ergeben sich daher 22+21+...+3+2+1 mögliche Paare von Geburtsdaten, also 253 Möglichkeiten.

Vielleicht fragen Sie sich, warum ich die Zahl 23 genommen habe. Den Grund zeigt Ihnen der hier abgebildete Graph: Die Kurve demonstriert die wachsende Wahrscheinlichkeit des Zusammentreffens bei steigender Anzahl der Testpersonen in der Gruppe. Sie beginnt bei 0 (Unmöglichkeit des Zusammentreffens, wenn niemand oder nur eine Person in der Gruppe ist) und steigt bis auf 1 (absolute Gewißheit). Die Kurve übersteigt die Markierung 0,5 bei 23 Personen. Der Graph endet bei 60 Teilnehmern, da sich die Kurve hier bis zu Ununterscheidbarkeit der Wahrscheinlichkeit 1 annähert. Bei 100 Personen liegt die Wahrscheinlichkeit schon bei 3 300 000 zu 1. Absolute Wahrscheinlichkeit erreicht man natürlich nicht, bevor nicht 366 Leute im Raum sind. Falls alle 365 Personen ein unterschiedliches Geburtsdatum haben, muß der hinzukommende 366. auf jeden Fall zu jemandem passen.

Dieses Beispiel lehrt uns, wie leicht der gesunde Menschenverstand sich täuschen läßt. Es folgt nun ein Pot-

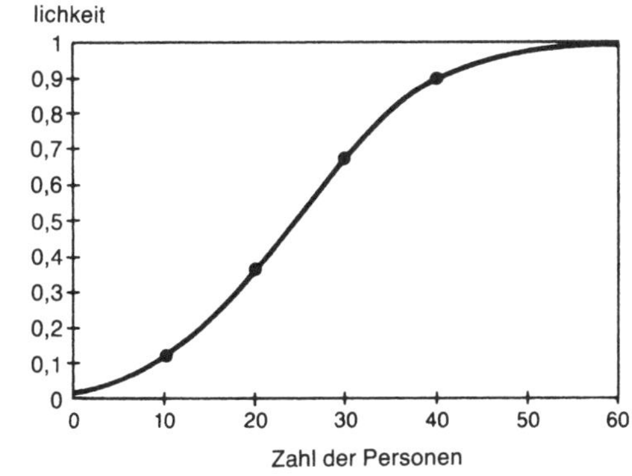

pourri von zehn weiteren Wahrscheinlichkeitsparadoxonen.

In jedem Fall sollten Sie zunächst Ihren Alltagsverstand, dann erst Ihre Logik bemühen – Sie werden sich über den Unterschied wundern. Zu aufgeklärtem Raten sei hier ermuntert – kleinliche Kalkulationen erfreuen nur die mathematischen Masochisten.

1. PAARADOX. Falls Sie Poker spielen, haben Sie gewiß einen groben Überblick über die Wahrscheinlichkeiten, daß Ihr Gegner bestimmte Blätter auf der Hand hat. Angenommen, Sie selbst haben einen Zwilling, also zwei gleiche Karten. Ist die Chance, daß Ihr Partner ebenfalls einen Zwilling hält, gleich, kleiner oder größer als in einem Fall, wo Sie selbst kein Pärchen haben?

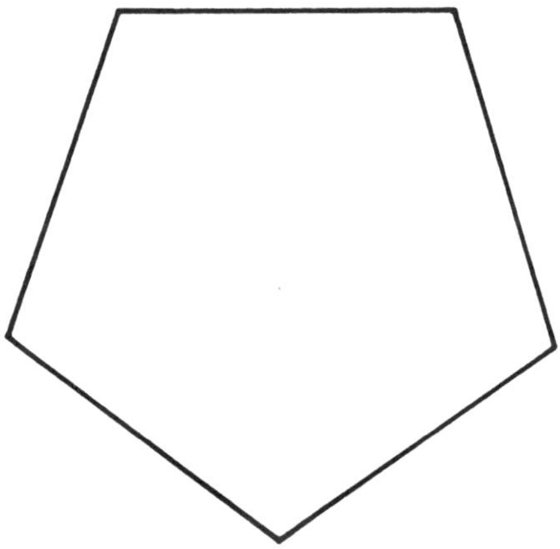

2. TELESPIONAGE. Ein Mann steht auf einem beliebigen Punkt etliche Kilometer vom amerikanischen Pentagon entfernt. Er beobachtet das Gebäude mit einem Fernglas. Wie hoch ist die Wahrscheinlichkeit, daß er drei seiner Seiten sehen kann?

3. AKKORD-SCHACH. Leo Moser von der Alberta-Universität in Edmonton hat das folgende Problem erfunden.

Sohn fragt Vater, ob er am Wochenende das Auto haben kann. Vater willigt ein, aber mit einer Bedingung: »Heute ist Mittwoch. Du wirst heute Abend eine Partie Schach spielen, eine zweite Partie morgen und eine dritte am Freitag. Deine Mutter und ich werden uns als deine Gegner abwechseln. Wenn du zwei Spiele hintereinander gewinnst, kannst du am Samstag das Auto haben.«

Sohn hat in der Vergangenheit gegen beide sowohl gewonnen als auch verloren, doch er weiß, daß sein Vater der bessere Spieler von beiden ist. Gegen wen sollte er als erstes antreten, um seine Chancen auf zwei Siegspiele hintereinander zu maximieren? Sollte er die Reihenfolge Vater-Mutter-Vater oder Mutter-Vater-Mutter wählen?

4. DER HUTTRICK. Martin Gardner kennt die Fortsetzung zur vorigen Aufgabe. Nach dem Schachturnier fühlte sich Vater etwas schuldig, daß er mit dem Auto so knausrig war. Also offerierte er Junior die Chance, sein Taschengeld etwas aufzubessern. Freilich war Vater ein tüchtiger Mathematiker, und sein Angebot hatte einen kleinen Haken.

»Hier sind zehn 10-Mark-Scheine, zehn 50-Mark-Scheine und zwei Hüte«, sagte er, und packte die Sachen auf den Küchentisch. »Verteile die 20 Geldscheine in die Hüte, wie es dir paßt. Dann verbinde ich dir die Augen und vertausche die Hüte so, daß du sie nicht mehr wiedererkennst. Du darfst dann nach Zufall einen Hut bestimmen und daraus einen beliebigen Geldschein ziehen. Wenn's ein 50-Mark-Schein ist, kannst du ihn behalten. Falls es aber nur ein 10-Mark-Schein ist«, und hier unterlag sein Schuldgefühl wieder seiner Tüchtigkeit, »falls es nur ein 10-Mark-Schein ist, wirst du nächsten Samstag den Rasen mähen, ohne zu meckern.«

Auf welche Weise verteilt Junior die Geldscheine am besten, um seine Chancen auf einen 50-Mark-Schein zu maximieren?

5. FAMILIENPLANUNG. Bob und Betty Zollstock sind frisch verheiratet und planen ihre Familie. Sie entscheiden sich für vier Kinder, keins mehr und keins weniger. Freilich wollen sie weder nur Jungen noch nur Mädchen, sondern eine geschlechtlich ausgewogene Nachkommenschaft. (Wie in allen Problemen dieser Art soll angenommen werden, daß bei jeder Geburt die Chancen für einen Jungen oder ein Mädchen gleich sind.) Was ist wahrscheinlicher: Sie bekommen (1) zwei Jungen und zwei Mädchen, oder (2) drei und eins in beliebiger Mischung?

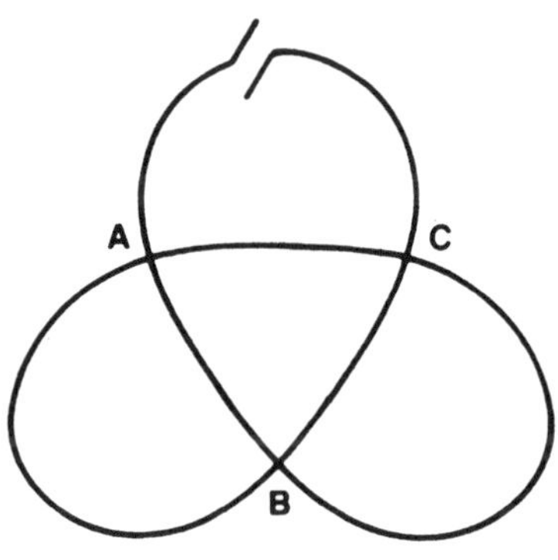

6. DER SCHNÜRSENKEL. Eines Morgens erwachte der Wahrscheinlichkeitstheoretiker und sah auf dem Fußboden einen Schnürsenkel in der unten links gezeigten Form liegen. Seine Augen waren aber noch nicht wach genug, um zu erkennen, wie sich das Band an den Punkten A, B und C kreuzte. Mit welcher Wahrscheinlichkeit wird er im Band einen Knoten finden, wenn er es an den beiden Enden gleichzeitig hochhebt?

7. DIE WETTE. Während Sie an der Bushaltestelle stehen, bietet Ihnen Ihr Nebenmann eine Wette an: Unter den nächsten 20 vorbeifahrenden Autos wird es mindestens zwei geben, bei denen die letzten beiden Ziffern des Nummernschilds identisch sind. Der Mann ist offensichtlich nicht ganz nüchtern, denn er schlägt außerdem vor, zehn Mark zu zahlen, wenn er verliert, aber nur fünf zu nehmen, wenn Sie verlieren. Sollten Sie aus seinem heiklen Zustand Nutzen ziehen?

8. UMFRAGE. Hier ist ein kleiner Ausschnitt aus einem Gespräch, das ein Interviewer bei einer Umfrage mit Frau Fischer führte.

> *Frage:* Wieviele Kinder haben Sie?
> *Frau F.:* Zwei.
> *Frage:* Und wie alt, bitte?
> *Frau F.:* Eins ist fünf, das andere zwei.
> *Frage:* Ist eins davon ein Junge?
> *Frau F.:* Ja.

Wie hoch ist die Wahrscheinlichkeit, daß Frau Fischers anderes Kind ebenfalls ein Junge ist?

9. NACHFRAGE. Angenommen, in der vorigen Umfrage hätte der Interviewer wissen wollen: »Ist das fünfjährige Kind ein Junge?« und die Frage wäre bejaht worden: Wie hoch ist dann die Wahrscheinlichkeit, daß das zweijährige Kind ebenfalls ein Junge ist?

10. HOFBALL. Zehn Herren mit Zylinder wollen zum Hofball. Dabei werden sie von einer mißgünstigen Menge mit Schneebällen beworfen, und alle Hüte fliegen zu Boden. Ein hilfsbereiter Sprößling springt herbei, sammelt die Hüte auf und erstattet sie, ohne im einzelnen nachzufragen, den Herren zurück. Wie hoch ist die Wahrscheinlichkeit, daß genau neun Herren ihre eigenen Zylinder zurückerhalten?

17.

Vorsicht, Falle!

Wenn Sie was für Trickfragen übrighaben, werden Ihnen die folgenden Aufgaben bestimmt gefallen. Die Schwierigkeit bei einigen dürfte vor allem darin bestehen, sie richtig zu lesen. Vorsicht bei Scherzartikeln: Aus mancher hübschen Rose spritzt plötzlich ein Wasserstrahl.

1. DIE LEITER. Es ist Ebbe; ein Schiff liegt mit einer Strickleiter an der Außenseite im Hafen. Zwanzig Sprossen sind über der Wasseroberfläche sichtbar, ihr Abstand voneinander beträgt 30 cm. Die Flut steigt mit 10 Zentimetern pro Stunde. Wieviele Sprossen werden bei Flut, also sechs Stunden später, sichtbar sein?

2. IM TAXI. In seinem hübschen kleinen Buch *Aha! Insight* erzählt der Meister der Spieleerfinder, Martin Gardner, die Geschichte einer sehr nervösen und schwatzhaften Dame, die in New York City ein Taxi rief. Auf dem Weg zum Bestimmungsort quasselte sie so viel, daß der Fahrer es plötzlich nicht mehr aushalten konnte. »Tut mir

leid, Lady«, sagte er, »ich kann leider nicht verstehen, was Sie sagen. Ich bin stocktaub und mein Hörgerät hat den ganzen Tag noch nicht funktioniert.«

Verblüfft schwieg die Dame. Erst nachdem sie ausgestiegen war, fiel ihr auf, daß der Fahrer sie belogen haben mußte. Wieso?

3. WAS STIMMT? Heißt es richtig: *Der* Eidotter ist weiß, oder: *Das* Eidotter ist weiß?

4. SCHLAMPEREI. Ein Mann entdeckte eine tote Fliege in seiner Suppe und beschwerte sich beim Kellner. Der entschuldigte sich, brachte die Suppentasse zurück in die Küche und kam mit einer anscheinend neuen Portion Suppe zurück. Der Kunde probierte die Suppe, dann schrie er: »Schlamperei! Wie können Sie es wagen, mir dieselbe Suppe wieder vorzusetzen?« Wie kam er darauf?

5. SYMBOL. Setzen Sie ein bekanntes mathematisches Symbol zwischen die Ziffern 2 und 3 und stellen Sie so eine Zahl dar, die größer als 2 und kleiner als 3 ist.

6. WIEVIELE KÖNIGE? Wieviele Könige ungefähr sind in England seit der normannischen Eroberung gekrönt worden?

7. KIRCHENRECHT. Erlaubt die römisch-katholische Kirche einem Mann, die Schwester seiner Witwe zu heiraten?

8. DER DREI-METER-SPRUNG. Der kleine Ferdi Furchtsam hat Angst vor dem Schwarzen Mann. Gestern schaffte er es, das Licht in seinem Zimmer auszumachen und in das drei Meter vom Schalter entfernte Bett zu hüpfen, bevor das Zimmer dunkel war. Er gebrauchte keinen Stock und keine Schnur, um den Schalter aus der Entfernung zu betätigen. Wie machte er das?

18.
Die Blätter der Rosenblüte

Es macht mehr Spaß, einen Beschluß zu fassen, als ihn zu rechtfertigen.

– Malcolm Forbes,
Die Worte des Vorsitzenden Malcolm

Induktion ist der logische Prozeß, mittels dessen man aus einer Menge einzelner Tatsachen einen allgemeinen Schluß ziehen kann. Beim Spiel von den Blättern der Rosenblüte ist Induktion obendrein der einzige Weg, um Mitglied in einer exklusiven Gesellschaft zu werden.

Man braucht fünf Würfel. Ein Spieler wirft, schaut sich das Ergebnis an und verkündet eine Zahl. Der Würfler ist, wollen wir voraussetzen, der Hüter der Rose und kennt ihr Geheimnis. Wer gern Mitglied in der Bruderschaft von den Blättern der Rosenblüte werden will, achtet auf die Worte des Hüters der Rose und versucht, die Formel zu finden, nach der die Zahlen ermittelt werden.

Das Spiel ist besonders lustig, wenn ein Spieler das Geheimnis kennt und die anderen versuchen, die Zahlenantwort zu erraten. Ein Novize, der meint, das Geheimnis gelüftet zu haben, muß sechs richtige Antworten hintereinander abgeben. Erst dann kann man ihm glauben. Er wird vom Hüter zum Ritter von den Blättern der Rosenblüte geschlagen und verpflichtet sich, das Geheimnis zu bewahren und das Spiel weiter zu verbreiten.

Als ich im Mai 1980 in der Zeitschrift *Omni* das Geheimnis der Blätter der Rosenblüte veröffentlichte, wußte ich, daß ich mit einigen Leuten Krach bekommen würde, die sich die Mitgliedschaft noch auf die »harte Tour« verdient hatten. Ich hielt dagegen, daß dieses Vergehen dadurch aufgewogen würde, daß nun ein weiter Kreis von Lesern das Spiel kennenlernte, der sonst vielleicht nie etwas davon gehört hätte. Außerdem hatte schon ein Artikel in *Personal Computing* (Sept./Okt. 1977) soviele Einzelheiten verraten, daß das Geheimnis nun recht leicht zu knacken war.

Nachdem der Artikel erschienen war, erhielt ich einen Brief von Alvin O. Smith aus Houston, der etwa so begann: »Ich untersuche zur Zeit mit meinen Rechtsberatern, ob wir rechtliche Schritte gegen Sie unternehmen, weil Sie das Geheimnis der Blätter der Rosenblüte verraten haben.« Im Umschlag befand sich außerdem eine Mitgliedskarte der Internationalen Bruderschaft von den Blättern der Rosenblüte.

Smith bezeichnete sich selbst als Vollmitglied seit 1959 und mit dem Amt eines Hohen Gärtners betraut. Außerdem erzählte er lang und breit, wie er Neulingen das Spiel präsentiert.

Zunächst, so erklärte er, sammelt er von jedem »qualifizierten« Bewerber eine Antragsgebühr von 5 $ ein. (Die 5 Dollar sind hinreichende Bedingung, um sich zu qualifizieren.) Dann erzählt er ihnen die Geschichte des Spiels:

1  (10)

2  (2)

3  (6)

4  (8)

5  (12)

6  (2)

7  (0)

8  (14)

9  (10)

10  (16)

11  (6)

12  (2)

»Eines Abends im Jahre 1942 saß General Montgomery recht lustlos in seinem Zelt in Nordafrika und spielte mit einigen Würfeln, ohne sich eigentlich für die Ergebnisse zu interessieren. Nach einem bestimmten Wurf, es fielen 1, 1, 3, 4 und 6, faßte ihn sein Adjudant am Ärmel und meinte: ›Sir, Sie haben gerade eine 2 gewürfelt.‹ Dies war ausnahmsweise einmal keine Insubordination, sondern die Gründung der Internationalen Bruderschaft von den Blättern der Rosenblüte.«

Dann beginnt Smith, die Würfel zu werfen und die Ergebnisse bekanntzugeben. Er beantwortet alle Ja/Nein-Fragen und verspricht, keine irreführenden Antworten zu geben. Manchmal fragt er, ob er das Ergebnis begründen soll und verkündert dann: »Das Ergebnis ist . . ., denn soviele Blätter hat die Rosenblüte!«

Wir zeigen hier eine Folge von 12 Würfen mit dem Ergebnis in Klammern daneben. Der erste Wurf zum Beispiel ergibt 10. Warum? Weil das Spiel »Die Blätter der Rosenblüte« heißt.

Untersuchen Sie die 12 Würfe und versuchen Sie, das Geheimnis zu lüften.

19.

Links oder rechts?

In diesem kurzen Quiz geht es um Profile. Wenn Sie bei den Fragen aus »Sind Sie ein guter Beobachter?« nicht so großartig abgeschnitten haben, können Sie dies hier als eine Gelegenheit zur Wiedergutmachung ansehen. Die gesuchten Gesichter und Figuren haben Sie bestimmt schon häufig gesehen. In welche Richtung schauen sie? Blicken sie nach links oder nach rechts?

1. Das Kamel auf einer Packung Camel-Zigaretten
2. Die Frau auf einem 50-Pfennig-Stück
3. Der Mustang von Ford
4. Der Playboy-Hase
5. Die Mona Lisa
6. Der Mann auf dem 50-Mark-Schein
7. Johnnie Walker
8. Der Löwe von Löwenbräu
9. Der Mann auf dem Verkehrsschild »Fußgängerüberweg«
10. Das HB-Männchen

20.

Zahlenaufgaben

Es folgen nun zehn Aufgaben, die allerlei mit Zahlen zu tun haben. Lassen Sie sich aber nicht einschüchtern: Einige Lösungen haben absolut nichts mit Mathematik zu tun.

1. Welches ist die nächste Zahl in der Reihe: 11, 8, 6, 7, 20 ...?

(a) 14, (b) 1, (c) 27, (d) 12

2. Was sind die nächsten vier Zahlen in dieser Reihe:

12, 1, 1, 1, 2, 1, 3 ...?

3. Welche zwei Zahlen kommen als nächstes in dieser Reihe:

1, 2, 3, 4, 7, 13, 14, 17, 20, 21, 22, 23 ...?

4. Mit welcher Zahl geht diese Reihe weiter:

77, 49, 36, 18 ...?

5. Welche Zahl gehört nicht in diese Reihe:

2, 4, 6, 8, 10 ?

6. Drücken Sie mit Hilfe von sechs Neunen und einigen Rechenzeichen die Zahl 100 aus!

7. Schreiben Sie eine zehnstellige »autobiographische« Zahl, deren erste Ziffer angibt, wieviele Nullen in ihr vorkommen, deren zweite sagt, wieviele Einsen, deren dritte, wieviele Zweien, und so weiter.

8. Bitte drücken Sie folgende Aussage in einer mathematischen Gleichung aus: »An dieser Universität gibt es sechsmal so viele Studenten wie Professoren.« Verwenden Sie die Variable S für die Zahl der Studenten und P für die der Professoren.

9. Was halten Sie von der folgenden Reihe von Ableitungen:

$$x = y \text{ (Gegeben)}$$
$$x^2 = xy \text{ (Beide Seiten mit x multipliziert)}$$
$$x^2 - y^2 = xy - y^2 \text{ (Von beiden Seiten } y^2 \text{ subtrahiert)}$$
$$(x + y)\,(x - y) = y\,(x - y) \text{ (Faktorzerlegung)}$$
$$x + y = y \text{ (Beide Seiten durch } (x - y) \text{ dividiert)}$$
$$2y = y \text{ (Nach Gleichung Eins x durch y ersetzt)}$$
$$2 = 1 \text{ (Beide Seiten durch y geteilt)}$$

Zwei gleich eins? Sollte die Algebra tatsächlich auf Sand gebaut sein? Steht das gesamte mathematische Gebäude kurz vor dem Zusammenbruch? Überprüfen Sie die Ableitung Schritt für Schritt und sehen Sie zu, ob Sie diese Katastrophe abwenden können.

10. Hier sehen Sie eine merkwürdige Zahlenreihe. Welche Zahl fehlt in der Leerstelle?

10, 11, 12, 13, 14, 15, 16, 17, 20, 22, 24, 31, 100, . . ., 10 000 und schließlich, kurioserweise, 1.111.111.111.111.111!

Hier werden etwas fundiertere mathematische Kenntnisse verlangt als in den anderen Aufgaben; dennoch ist sie nicht so schwierig, wie sie auf den ersten Blick aussieht.

21. Tricks mit dem Taschenrechner

Eines Abends saß ich in den Räumen der mathematischen Gesellschaft in Cambridge; ich stützte den Kopf auf den Tisch und träumte so vor mich hin, ein aufgeschlagenes Buch mit Logarithmentafeln lag vor mir. Ein Kollege betrat den Raum, fand mich halb schlafend und rief: »He, Babbage, wovon träumen Sie?« »Daß all diese Tabellen von Maschinen berechnet werden könnten«, erwiderte ich.

– *Charles Babbage,*
Passages from the Life of a Philosopher

Babbages Nickerchen, das seiner Erinnerung nach 1812 oder 1813 stattgefunden haben muß, wurde zur Geburtsstunde einer Technologie, die einem heute tatsächlich oft wie ein Traum vorkommt. Einen Zweig am Baum der Computerrevolution bilden die Taschenrechner, die oft nicht größer als Kreditkarten sind oder sogar in Armbanduhren Platz finden. Der einzige Grund, warum sie nicht noch kleiner sind, liegt in der Unförmigkeit der menschlichen Finger und der begrenzten Sehschärfe seiner Augen.

Es dauerte nicht lange, bis einige Leute herausfanden, daß Taschenrechner nach der Überprüfung des Bankkontos auch zu einigem Unfug gut sind.

Auf dem Kopf

Eine Gruppe von Spielen beruht auf der Beobachtung, daß die Zahlen der Anzeige auf den Kopf gestellt wie Buchstaben aussehen. Die Ziffern 3, 5, 0 und 4 zum Beispiel bilden, verkehrt herum gelesen, das Wort *hOSE.* Die 7 sieht aus wie ein L, die 1 hat die Doppelfunktion von I und Ausrufezeichen. Mit etwas Phantasie lassen sich 2 und 8 als Z und B interpretieren, die 9 mag, nach Geschmack, als b oder G dienen.

Vor einigen Jahren kam der Spaß auf, mit dem Taschenrechner den Gewinner der Ölkrise zu berechnen. Man gab zunächst die Frachtkosten einer Schiffsladung Öl ein: 426,46407 Dollar. Dann teilte man diesen Wert durch 3 Ölgesellschaften und multiplizierte das Ergebnis mit dem Inflationsfaktor 5. Die Antwort 710,77345 nannte auf dem Kopf stehend den eigentlichen Gewinner der Krise:

ShELL,OIL

Das Komma trennt die beiden Worte. Nach diesem Prinzip funktionieren auch die folgenden Spielchen:

1. Der morgendliche Gruß Ihres – englischsprachigen – Taschenrechners: 107734.

2. Ein Roulettespieler setzt den gesamten Inhalt seiner Taschen, nämlich 21 403 080 DM, auf die 25, dann besticht er den Croupier mit 134 DM. Was kommt dabei heraus? *(21 403 080×25+134).*

3. Was kann auch der schönste Taschenrechner nicht ersetzen? (76634:2).
4. Im amerikanischen Bürgerkrieg verschossen in einer Schlacht 1358 Soldaten je 300 Schuß Munition, 255 Soldaten kamen um. 1358×300–255 verrät den Namen der Schlacht.

Der Große Memofex

Andere Spiele mit dem Rechner gehen in Richtung Gedankenlesen. Nach einer Reihe scheinbar sinnloser Rechenoperationen wird eine geheime Zahl wie durch ein Wunder enthüllt. Hier sind drei Beispiele.

1. MAGISCHES TELEFONBUCH. Geben Sie einem Freund den Taschenrechner und drehen Sie sich um. Bitten Sie ihn, sich eine beliebige dreistellige Zahl auszudenken, bei der alle drei Ziffern verschieden sind. Nun soll er diese Zahl im Geiste herumdrehen; aus einer ursprünglich gewählten 157 wird so zum beispiel 751. Die größere dieser beiden Zahlen wird in den Rechner eingegeben und die kleinere davon abgezogen. Das Ergebnis muß wieder eine dreistellige Zahl sein. »Um die Sache noch schwieriger zu machen«, verkünden Sie, »jetzt möchte ich, daß du die Ziffern dieser Zahl wieder umdrehst und zum Ergebnis der ersten Rechnung addierst.« Der erste Schritt sähe beispielsweise so aus:

$$\begin{array}{r} 751 \\ -\underline{157} \\ 594 \end{array}$$

Der zweite Schritt wäre dann:

$$\begin{array}{r} 594 \\ +\underline{495} \\ 1089 \end{array}$$

»Wieviele Stellen hat das Ergebnis?« fragen Sie, und Ihr Freund antwortet: »Vier.«

»Fein«, sagen Sie, »hier ist das Telefonbuch. Schlage die Seite auf, die den ersten drei Ziffern dieser Zahl entspricht.«

Ihr Freund schlägt Seite 108 auf. »Nimm nun die letzte Ziffer und zähle soviele Namen vom Beginn der ersten Spalte herunter.« Wenn Ihr Assistent mitteilt, daß er den entsprechenden Namen gefunden hat. bitten Sie ihn, sich voll darauf zu konzentrieren. Sie becken Ihre Augen mit der Hand, sammeln sich und verkünden nach einer wirkungsvollen Pause den fraglichen Namen und die dazu gehörende Telefonnummer! Magie?

2. GELD UND ALTER. Bitten Sie jemand, sein oder ihr Alter in den Rechner einzutippen und Ihren weiteren Anweisungen zu folgen:

Verdopple diese Zahl.
Addiere 5.
Multipliziere mit 50.
Addiere den Betrag an Kleingeld in deinem Portemonnaie, der weniger als eine ganze Mark ist.
Subtrahiere die Zahl der Tage im Jahr.
Addiere 115.
Teile durch 100.

Der Rechner zeigt nun zwei Zahlen an, links vom Komma das Alter der Testperson und rechts davon den korrekten Geldbetrag.

3. GEBURTSTAG. Nehmen Sie den Monat Ihres Geburtsdatums (Januar = 1, Februar =2, etc.) und multiplizieren Sie ihn mit 100. Addieren Sie nun den Geburtstag (1, 2, etc.). Die nächsten Operationen sind: mit 2 multiplizieren, 9 addieren, mit 5 multiplizieren, 8 addieren, mit 10 multiplizieren, 422 abziehen, die letzten beiden Stellen des Geburtsjahrs addieren und 108 abziehen. Das Ergebnis zeigt Ihr Geburtsdatum in internationaler Schreibweise. 110351 zum Beispiel heißt: 3. November 1951.

Rechnerspiele

Hier sind einige Spiele, zu denen man kein anderes Hilfsmittel als den Taschenrechner braucht.

1. NIMM. Geben Sie dem Rechner die Zahl 50 ein. Zwei Spieler wechseln sich nun ab und ziehen eine Zahl zwischen 1 und 9 hiervon ab. Wer die Anzeige auf Null bringt, hat gewonnen. Schon bald wird man erkennen, welches die Gewinnstrategie ist.

Es gibt eine Variation, die das Spiel etwas spannender macht. Jeder Spieler darf nur eine solche Zahl abziehen, die auf der Tastatur neben der Zahl seines Vorgängers liegt. Wenn zum Beispiel Spieler Eins 6 abzieht, muß Spieler Zwei 3, 5 oder 9 abziehen.

2. ZIELZAHL. Hier geht es darum, eine von Ihnen zuvor bestimmte Zielzahl mit Hilfe einer einzigen Ziffer

und der vier Grundrechenarten zu erreichen. Versuchen Sie, die Anzahl der Tastenoperationen möglichst klein zu halten. Die Zielzahl 17 zum Beispiel erreicht man mit der Zahl 5 so:

5+5= ÷5= +5+5+5=17

Die Lösung verlangt 14 Tastenoperationen. Es gibt auch kürzere. Die 5 wurde sechsmal gedrückt; kann das Problem auch mit fünfmaligem Drücken der 5 gelöst werden?

3. SCHARFSCHÜTZE. Für einen oder mehr Spieler. Benötigtes Zubehör: ein Taschenrechner, Papier, Bleistift und eine Stoppuhr.

Eine Zielzahl wird bestimmt und die Stoppuhr in Gang gesetzt. Jeder Spieler versucht nun, dieser Zahl innerhalb von drei Minuten möglichst nahe zu kommen, und zwar nach folgender Formel:

1 * 2 * 3 * 4 * 5 * 6 * 7 * 8 * 9 =

Jeder * wird dabei durch eins der vier Grundrechenzeichen +, –, × oder ÷ ersetzt. Gerechnet wird von links nach rechts in der angegebenen Ordnung. Wer in drei Minuten dem Ziel am nächsten kommt, gewinnt.

Ein eigener, sehr flüchtiger Versuch auf das Ziel 1000 brachte folgende Lösung: 1+2–3–4+5+6+7×8×9=1008. Können Sie es besser? Welches ist die größte, nach dieser Formel berechenbare Zahl?

4. MIKROGOLF. Dieses Spiel für zwei Spieler hat Fred Piscop erfunden. Jeder benötigt einen Taschenrechner und einen Notizblock.

Der erste Spieler bestimmt völlig willkürlich die Länge der 9 (oder 18) Bahnen. Er notiert zum Beispiel die Zahlen 417, 522, 161, 327, 381, 209, 446, 354 und 483.

Der zweite Spieler wählt für sich und seinen Gegner einen »Schläger«. Dieser besteht aus einem Dezimalbruch mit zwei Stellen hinter dem Komma und einer ersten Ziffer, die zwischen 6 und 9 liegen sollte. Er gibt seinem Gegner also beispielsweise den »Schläger« 7,31 und sich selbst die Zahl 8,07.

Jede Bahn wird folgendermaßen gespielt: Der Spieler teilt die Länge seiner Bahn durch den Wert seines »Schlägers«. Bei jedem folgenden Schlag hat er die Wahl, vom verbleibenden Rest eine ganze Quadratzahl von der Mindestgröße 9 (9, 16, 25, 36, 49, 64, 81, ...) abzuziehen, oder den besagten Rest mit den beiden ersten Zahlen hinter dem Komma multiplizieren. Lautet das erste Zwischenergebnis zum Beispiel 42,3714, so darf er hiervon entweder eine Quadratzahl zwischen 9 und 36 abziehen, oder das Ergebnis mit 0,37 multiplizieren. Man darf keine Quadratzahl subtrahieren, die größer als die Ausgangszahl wäre, daher in diesem Beispiel die Begrenzung auf Werte zwischen 9 und 36. Wenn diese Operationen einen Wert kleiner als 1 erzeugt haben, gilt der »Ball« als eingelocht. Zur Erklärung geben wir ein Beispiel:

$$
\begin{aligned}
417 \div 8{,}07 &= 51{,}6729 \\
- 49 \quad &= 2{,}6729 \\
\times 0{,}67 &= 1{,}7908 \\
\times 0{,}79 &= 1{,}4147 \\
\times 0{,}41 &= 0{,}5800
\end{aligned}
$$

Der Spieler brauchte 5 Schläge. Der Spieler mit der niedrigsten Schlagzahl für den ganzen Golfkurs gewinnt.

Kryptoarithemtik

Bei dieser Art von Aufgaben muß man Buchstaben durch Zahlen ersetzen, um eine gültige Gleichung zu erzeugen. Obwohl man hierfür keinen Taschenrechner benötigt, kann er aber bei der Überprüfung des Ergebnisses dienen.

1. ALPHABET MAL VIER. Diese Aufgabe erschien in James F. Fixx' Buch *More Games for the Superintelligent.*

$$\begin{array}{r} A\ B\ C\ D\ E \\ \times 4 \\ \hline E\ D\ C\ B\ A \end{array}$$

Gleiche Buchstaben symbolisieren gleiche Zahlen. Das Problem kann ganz logisch angegangen werden. Zunächst stellt man fest, daß A mit 4 multipliziert auf jeden Fall ein einstelliges Ergebnis hat; also muß A entweder 1 oder 2 sein. Dann bemerkt man, daß 4 × E ein mit A endendes Ergebnis erzeugt. Vier mal eine beliebige Zahl ergibt aber immer ein gerades Ergebnis, also muß A gleich 2 sein. Da nur die Zahlen 3 und 8, wenn sie mit 4 multipliziert werden, ein auf 2 endendes Ergebnis erzeugen, muß E also entweder 3 oder 8 sein. Können Sie jetzt den Rest der Aufgabe erledigen?

2. SECHS UND SECHS. Alan Wayne aus Holiday, Florida, hat diese elegante Aufgabe erfunden. Gleiche Buchstaben vertreten gleiche Ziffern. Keine Zahl beginnt mit einer Null.

$$\mathrm{SIX} + \mathrm{SIX} + \mathrm{SIX} = \mathrm{NINE} + \mathrm{NINE}$$

3. TELEGRAMM. Hier zitieren wir die dringende Botschaft eines amerikanischen Erstsemester-Studenten an seine Eltern:

$$\begin{array}{r} \text{SEND} \\ +\text{MORE} \\ \hline \text{MONEY} \end{array}$$

4. IM GARTEN EDEN.

EVE/DID = O, TALKTALKTALKTALK ...

In dieser paradiesischen Szene hat der Bruch EVE/DID den Wert eines zwischen 0 und 1 liegenden Dezimalbruchs, dessen erste vier Stellen sich endlos wiederholen. Es gibt nur eine eindeutige Lösung. Ein Tip: Die einfachste Methode, den einer Dezimalzahl mit *n* sich wiederholenden Stellen entsprechenden Bruch zu finden, besteht darin, den sich wiederholenden Ausdruck in den Zähler sowie *n* Neunen in den Nenner zu schreiben und den Bruch so weit wie möglich zu kürzen.

5. PUNKTE. Die letzte Aufgabe dieser Art stammt von dem englischen Rätselerfinder Ernest Dudeney. Sie hat inzwischen eine geradezu klassische Berühmtheit erreicht. Jeder Punkt steht für eine Ziffer zwischen 1 und 9 (also keine 0), und jede Ziffer wird nur einmal verwendet. Die Lösung ist eindeutig.

$$\begin{array}{rcc} & \cdot & \cdot \\ \times & & \cdot \\ \hline & \cdot & \cdot \\ + & \cdot & \cdot \\ \hline & \cdot & \cdot \end{array}$$

Noch mehr Taschenrechner-Tricks

Zum Schluß noch einige der Kopfstände mit dem Taschenrechner, mit denen wir dieses Kapitel eröffnet hatten.

1. 1961 war ein Kopfstandjahr. Die Jahreszahl konnte von beiden Seiten gleich gelesen werden. Auf diese Tatsache wies 1961 neben anderen gelehrten Zeitschriften auch das MAD-Magazin mit einer Titelstory hin. Ferner wurde behaupet, 1961 sei das erste Kopfstandjahr seit 1881 und das letzte bis zum Jahr 6009. Können Sie mit Hilfe des Taschenrechners mindestens drei Gegenbeispiele finden?

2. Sie alle kennen bestimmt die erschütternden Erlebnisse des 90 Pfund leichten Stan und seines 353 Pfund schweren Filmpartners. Wie heißt Stans Freund? *(90×353)*

3. Ben Cartwright und sein Sohn gaben beide acht, daß der Sprößling nicht zuviel aß, um seine 86-cm-Taille zu halten. Ohne Erfolg. Welcher Sohn war es? *(8×8×86)*

4. Dies ist eine Variation der ShELL.OIL-Geschichte von Seite 107. Der Taschenrechner hat folgende Aufgabe zu lösen:

$$(28{,}43094 \times 5) \times 5$$

Das Ergebnis zeigt diesmal nicht den Gewinner der Ölkrise, sondern die beste Methode, sie zu überstehen.

22.

Noch mehr Physik

Diese Gruppe von Aufgaben hat mit den einfachen Prinzipien der Physik zu tun. Es geht um Temperatur, Bewegung, Druck, Dichte und andere naturwissenschaftliche Grundbegriffe. Die Themen aber interessieren bestimmt auch solche Leser, die keinerlei naturwissenschaftliche Spezialausbildung genossen haben.

1. SPRUNGHAFT. Schütten Sie kochend heißes Wasser in ein dickwandiges Trinkglas und in ein dünnes Weinglas. Welches Glas hat größere Chancen, dabei kaputtzugehen?

2. LUFTBALLON. Ein Kind sitzt auf dem Rücksitz des Familienautos und hält an einer Schnur einen gasgefüllten Ballon. Alle Fenster sind geschlossen, das Auto fährt los und beschleunigt. Neigt sich der Ballon dabei nach vorn, nach hinten oder bleibt er auf der Stelle?

3. ROLLENDE RUNDLINGE. Am oberen Rand einer geneigten Fläche befinden sich eine Kugel, eine Scheibe und ein Ring von je 7 cm Durchmesser. Alle drei beginnen zur gleichen Zeit hinabzurollen. Welcher Gegenstand kommt zuerst unten an? (Wir nehmen an, daß sie effizient, also ohne Wackeln, rollen, und vernachlässigen jeglichen Luftwiderstand.)

4. BERGZEIT. Läuft Ihre mechanische Armbanduhr auf einem hohen Berg schneller oder langsamer als normal?

5. GENIAL. An einem drückend heißen Sommertag bricht die Klimaanlage zusammen und Sie sitzen schweißgebadet in Ihrem Appartement. Da kommen Sie auf die geniale Idee, einfach die Kühlschranktür aufzumachen. Wie weit etwa können Sie den Raum auf diese Weise abkühlen?

6. ORBIT. Warum liegen Startanlagen für Mondraketen, wie z. B. Cape Canaveral, normalerweise in tropischen Gebieten?

7. POLAR. Die Antarktis besteht aus ungefähr achtmal so viel Eis wie die Arktis. Warum gibt es am Südpol soviel mehr Gefrorenes als am Nordpol?

8. DOPPELNELSON. Ist das Schlittschuhlaufen einfacher bei einer Lufttemperatur von 0 °C. oder einer von −10 °C.?

9. MOLKEREI. Was wiegt mehr – eine Tasse Milch oder eine Tasse Rahm?

10. ÖL UND ESSIG. Martin der Mathematiker hat versprochen, Essig und Öl zum Picknick mitzubringen. Er erscheint mit beiden Flüssigkeiten in einer gemeinsamen Flasche. »Das war aber nicht so klug«, nörgelt seine Frau, »ich mag viel Öl und wenig Essig auf meinem Salat, aber andere Leute wollen vielleicht mehr Essig und weniger Öl.«

»Sehr klug sogar«, erwidert Martin, und gibt jedem soviel Essig und Öl, wie er gerade haben will. Wie macht er das?

23.

Auf den zweiten Blick

Dieser Test verlangt eher Witz als Logik. Folgen Sie Ihrem ersten Eindruck, dann geraten Sie leicht auf gedankliche Abwege. Lesen Sie jede Aufgabe genau und lassen Sie sich nicht hereinlegen.

1. DER EINSPURIGE TUNNEL. Zwei Schienen laufen parallel zueinander bis zu einem engen Tunnel. Hier vereinigen sich die beiden Gleise für etwa 1 km zu einer einspurigen Strecke. Eines Nachmittags raste ein Zug mit voller Geschwindigkeit in den Tunnel. Von der anderen Seite raste ein anderer Zug ebenfalls mit Höchstgeschwindigkeit in den gleichen Tunnel. Zum Glück passierte kein Unglück. Warum nicht?

2. BITTE UM RÜCKRUF. Dies ist die Mitschrift eines Telefongesprächs.

»Gesellschaft für Logikspiele, guten Morgen.«

»Kann ich bitte den Geschäftsführer sprechen?«

»Tut mir leid, Herr Specht ist in einer Besprechung. Kann er Sie zurückrufen?«

»Ja. Mein Name ist Walter Ephram. Herr Specht kennt meine Telefonnummer.«

»Entschuldigung, ich habe Ihren Nachnamen nicht verstanden.«

»Ephram. Mit E wie Eukalyptus, P wie Polykondensation, H wie Harmonie, R wie Reminiszenz ...«

»Entschuldigung, R wie was?«

»R wie Reminiszenz, A wie Axiom und M wie Mnemonik.«

»Vielen Dank, Herr Ephram, Herr Specht wird Sie zurückrufen.«

In dieser Unterhaltung gibt es etwas, das nicht ganz logisch ist. Was ist es?

3. GLÜCKSSPIELER. Zwei Männer spielten Backgammon. Sie machten fünf Spiele, und jeder gewann die gleiche Anzahl von Spielen. Es gab kein Unentschieden. Wie war das möglich?

4. TAGE. Manche Monate haben 30, andere 31 Tage, Wieviele Monate haben 28 Tage?

5. WOLKENBRUCH. Professor Zymurgy wurde vom Regen überrascht und hatte keinen Schirm bei sich. Er besaß auch keine Zeitung oder irgend etwas anderes, das er sich über den Kopf hätte halten können. Seine Kleidung wurde völlig durchnäßt, aber kein Haar auf seinem Kopf wurde naß. Haben Sie dafür eine Erklärung?

6. SURVIVAL. Mit nur einem Streichholz in der Tasche betreten Sie ein Blockhaus. Darin befinden sich eine Petroleumlampe, eine Kerze und ein offener Kamin mit einigen Holzscheiten. Was sollten Sie zuerst anzünden?

7. TABU? Ein Eskimo, selbst wenn er kurz vor dem Verhungern steht, würde niemals ein Pinguinei stehlen und essen. Warum nicht?

8. EXPEDITION. Zwei Väter und zwei Söhne fuhren zum Hochseeangeln. Sie fingen einen Tunfisch, einen Marlin und einen Seebarsch. Jeder konnte einen Fisch mit nach Hause nehmen. Wieso?

9. EI-NSAME SPITZE. Sie stehen auf einem Zementboden und halten ein rohes Ei in der Hand. Können Sie das Ei einen Meter tief fallenlassen, ohne daß die Schale kaputtgeht?

10. SPATENKUNST. Fünf Männer brauchen fünf Tage, um fünf Löcher zu graben. Wie lange braucht ein Mann, um ein halbes Loch zu graben?

Auflösungen

1 **Einblicke** (Teil Eins)

1. BÜCHERWURM. Die meisten Leute kommen auf 23 Zentimeter. Das ist leider falsch. Schauen Sie sich die Lage der Bände noch einmal an! So wie Band I steht, befindet sich seine erste Seite *rechts,* nur zwei Buchdeckel (oder 1 cm) von der letzten Seite von Band II entfernt. Der Bücherwurm legt also nur 15 cm zurück.

2. SOCKENSALAT. Drei. Wenn die beiden ersten Socken nicht zusammenpassen, bildet die dritte auf jeden Fall mit einer von beiden ein Paar.

3. DRUNTER UND DRÜBER. Das Z gehört nach oben. Das Muster ist so einfach, daß es vielen intelligenten Menschen entgeht: Buchstaben mit geraden Linien stehen über, Buchstaben mit runden Linien unter dem Strich.

4. HUT AB! Der Blinde trägt einen roten Hut. Er stellte folgende Überlegung an: »Der erste Mann sieht keine zwei weißen Hüte, denn sonst hätte er sofort gewußt, daß er selbst einen roten trägt, weil es ja nur zwei weiße Hüte gibt. Der zweite Mann, der sieht, daß der erste sich nicht entscheiden kann, hätte nur mich ansehen müssen. Hätte er bei mir einen weißen Hut entdeckt, hätte er gewußt, daß er selbst einen roten tragen muß. Da aber auch er unsicher blieb, kann er bei mir keinen weißen Hut gesehen haben. Also muß mein Hut rot sein.«

5. STREICHHOLZ-MATHEMATIK. Unsere Beispiele haben Sie vielleicht verführt, nur an römische Zahlen zu denken. Der richtige Einblick aber brachte Sie darauf, auch andere Zeichen in Betracht zu ziehen, zum Beispiel das Wurzelzeichen:

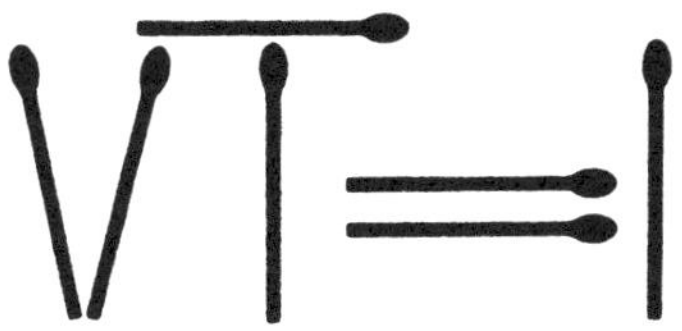

Einige Leser waren mit dieser »erwarteten« Lösung nicht zufrieden und offerierten abweichende, leicht ungewöhnliche Alternativen. Edward Radsack produzierte diesen Vorschlag:

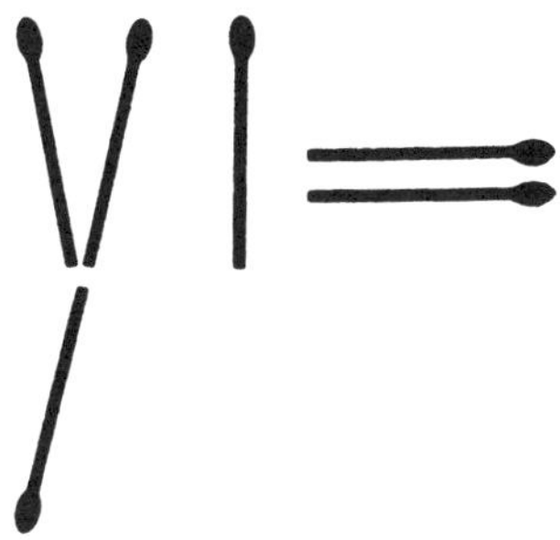

(Eins geteilt durch eins gleich eins.) Roy Clark legte die Streichhölzer so aus:

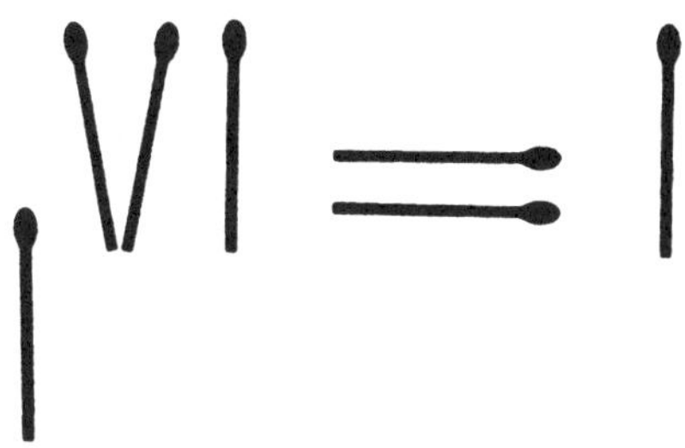

Die Interpretation: Eins hoch sechs gleich eins. Zwei andere Lösungen waren besonders kreativ. Ein Leser arrangierte zunächstdas Problem in dieser Weise:

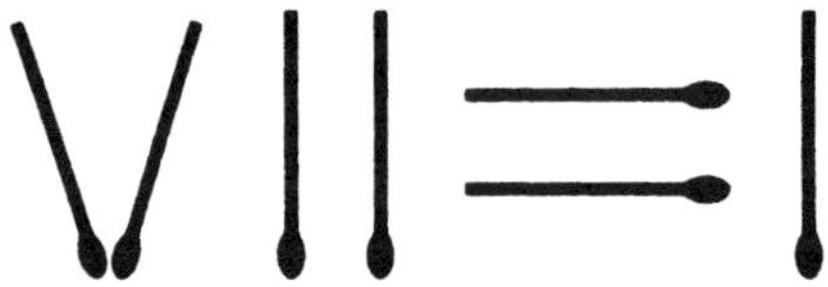

Seine Lösung kann man nur als clever bezeichnen. Was war bei ihm der zündende Funke? (Siehe *Nachgedacht*, Seite 188)

Steven L. Greene, ein Ingenieurstudent an der University of Wyoming, akzeptierte die Anordnung der Streichhölzer in unserer »erwarteten« Lösung, doch er bemerkte: »Wenn man sich die Anordnung als Buchstaben, und nicht als Zahlsymbole vorstellt, ergibt sich ebenfalls eine mustergültige Gleichung (siehe *Nachgedacht*).

6. GELDZÄHLEN. Legen Sie eine der Münzen auf diejenige im Schnittpunkt der beiden Reihen.

7. WELCHER WEG? »Würde mir ein Mitglied Ihres Stammes sagen, der linke Weg geht nach Alphaville?« Beide Stämme geben hierauf die selbe Antwort. Wenn der linke Weg *tatsächlich* nach Alphaville führt, würde der Wahr-Sager mit *Ja* antworten; der Lügner, der ja die Tatsache, daß seine Stammesbrüder mit *Nein* antworten würden, bestreiten muß, würde ebenfalls *Ja* sagen. Falls der linke Weg nicht nach Alphaville führt, ist die entsprechende Antwort in beiden Fällen *Nein.*

8. GOLD! Ein Pfund Gold ist doppelt so viel wert wie ein halbes Pfund.

9. BUCHSTABENRÄTSEL. Dies sind die Anfangsbuchstaben der ersten sieben Zahlen. Die Fortsetzung der Reihe lautet also: *A, N.*

10. IM WUNDERLAND. Alice erkannte, daß da etwas gespiegelt wurde, nämlich die Zahlen von Eins bis Sieben. Die rechte Hälfte jedes Symbols ist die richtige Zahl, die linke Hälfte ihr Spiegelbild. Das nächste Symbol in dieser Reihe ist also:

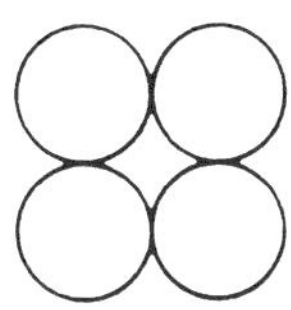

2 Wetten daß?

1. MÜNZEN IM GLAS. Nach kurzem Nachdenken werden Sie festgestellt haben, daß es keinen normalen Weg gibt, die Münzen in der verlangten Weise zu verteilen. Also muß es da einen Trick geben, und er hat mit der Zweideutigkeit der Worte »sich befinden in ...« zu tun. Die Lösung: Man muß ein Glas in ein anderes setzen, und dann befindet sich wirklich in jedem Glas eine ungerade Zahl von Münzen, beispielsweise so:

2. KNOTENTRICK. Kreuzen Sie die Arme vor der Brust und greifen Sie die beiden Enden der Schnur. Lösen Sie jetzt Ihre Arme, und deren Knoten überträgt sich auf die Schnur!

3. HAARIG, HAARIG. Legen Sie das Haar mit einem Ende auf den Eiswürfel und streuen Sie etwas Salz darauf. Das Eis wird an dieser Stelle leicht schmelzen und wieder gefrieren. Nun läßt sich der Eiswürfel am Haar emporheben.

4. NICHT KÜBEL! Er nimmt den Sektkübel weg, trinkt den Martini und gibt dem Professor die Mark für das

Getränk, das in den meisten Bars nicht unter DM 6,50 zu haben ist.

5. WASSERGLÄSER. Wieder werden Sie nach kurzem Nachdenken einsehen, daß normale Lösungen hier nicht greifen. Der Trick? Schütten Sie den Inhalt von Glas Zwei in Glas Fünf.

6. FEUERZAUBER. Tauchen Sie den Schein kurz in hochprozentigen Alkohol und zünden Sie ihn an. Die Flammen werden ihn kurze Zeit umhüllen und dann von selbst wieder ausgehen. Diese Nummer ist besonders wirkungsvoll, wenn Sie sich den Schein zuvor von Ihrem Opfer ausleihen.

7. DAS FLIEGENDE STREICHHOLZ. Sie brauchen einen Taschenkamm aus Nylon. Reiben Sie ihn an einem Wollpullover und halten Sie ihn dicht neben das Glas. Von statischer Elektrizität bewegt, fällt das Streichholz herunter.

8. BÜROKLAMMERN. Bei Ihrer Vorführung achten Sie darauf, daß die Banknote so gedreht ist, daß ihre Oberkante eher einem S als einem Z gleicht. Die Büroklammern stecken an der selben Stelle wie zuvor. Wenn Sie jetzt an den Enden des Geldscheins ziehen, werden die Klammern sich bei der Landung nicht nur berühren, sondern sogar ineinander verhakt sein!

9. AUF DEN RAND. Befeuchten Sie das 10-Pfennig-Stück und die Außenseite eines Wasserglases. Drücken Sie die Münze gegen den oberen Rand, und sie wird langsam

herabgleiten und auf der Kante sehenbleiben. (Natürlich muß das Glas eine glatte, senkrechte Außenseite haben.)

Wenn sich die Wogen der Begeisterung wieder gelegt haben, nehmen Sie die Münze und machen Ihrem Opfer folgendes Angebot: »Ich wette mit dir um diese Münze: Wenn du mir 50 Pfennig gibst, gebe ich dir eine Mark zurück.« Was tun Sie, wenn er die Wette annimmt? (Siehe *Nachgedacht* Seite 188)

10. POSTKARTENTRICK. Zuerst falten Sie die Karte einmal entlang ihrer Längsachse. Von diesem Falz aus führen Sie eine Reihe paralleler, etwa 0,7 cm voneinander entfernter Schnitte bis zum gegenüberliegenden Rand, wo ein Steg von ebenfalls etwa 0,7 cm stehenbleibt. Drehen Sie nun die Postkarte herum und schneiden Sie sie in entgegengesetzter Richtung zwischen den Schnitten der ersten Reihe ein. Entfalten Sie die Karte und zerschneiden Sie sie entlang ihrer Mittelfaltung, mit Ausnahme der beiden äußeren Stege, die ganz bleiben. Nun haben Sie einen zackigen Papierring, der weit genug ist, um den Kopf hindurchzustecken. Wenn Sie die Einschnitte eng genug nebeneinander legen, kann der Ring sogar so weit werden, daß Ihr ganzer Körper hindurch paßt. Mit einiger Übung und Vorsicht geht dieser Trick sogar mit einer Visitenkarte.

Zu diesem Trick gibt es eine hinterhältige Variante. Sie bohren ein etwa markstückgroßes Loch in eine Postkarte und sagen zu Ihrem Wettpartner: »Ich wette, daß ich meinen Kopf durch dieses Loch drücken kann, ohne die Karte zu zerschneiden oder in anderer Weise zu zerreißen.« Wie läßt sich das anstellen? (Siehe *Nachgedacht* Seite 188)

3 Um die Ecke gedacht

1. Stellen Sie die Uhr auf 12 Uhr und sich selbst in die Mitte einer Zeitzone. Bohren sie einen Stab senkrecht in den Boden und befestigen Sie die Uhr an seinem oberen Ende. Wenn der Schatten des Stabs genau nach Norden zeigt (bzw. wenn er am kürzesten ist), dann zeigt die Uhr die korrekte Zeit an.

2. Fixieren Sie die Uhr und lassen Sie sie nicht aus den Augen. Wenn es so dunkel wird, daß sie sie nicht mehr sehen können, ist es Nacht.

3. Falls Sie eine Taschenuhr haben, deren Rädchen zum Aufziehen etwas größer ist, gehen Sie zum Telefon und wählen (mit dem Rädchen statt des Fingers) die Nummer 1191 (bzw. 01191).

4. Klopfen Sie mit der Uhr den Takt, während Sie zählen: »Einundzwanzig, zweiundzwanzig, dreiundzwanzig, ...«

5. Klopfen Sie mit der Uhr so lange heftig gegen die Wand Ihres Apartments, bis Sie jemand schreien hören: »Hoffentlich hören Sie bald mit dem Lärm auf, es ist schon nach zehn!«

4 April, April

1. SCHALLPLATTE. Eine.

2. OST ODER WEST? E-Loks erzeugen keinen Rauch.

3. KLEINGELD. Eine ist kein 5-Mark-Stück, sondern eine Mark. Die andere *ist* natürlich ein 5-Mark-Stück.

4. TOTAL. Da einer der Ausdrücke der Reihe (x – x) sein muß, was Null ist, ist das Produkt der ganzen Reihe Null.

5. KOPFRECHNEN. $50 : \frac{1}{2} = 100; + 3 = 103$.

6. WIE WAR DAS NOCH? Drei.

7. BITTE NACHZÄHLEN. Wahr. Der dritte Fehler ist, daß es nur zwei Fehler gibt. (Oder doch nicht? Dies ist ein Beispiel der Aporien, die entstehen können, wenn sich Sprache auf sich selbst bezieht. Wenn der Satz wahr ist, macht ihn die Tatsache, daß darin nur zwei Fehler sind, falsch. Wenn er falsch ist, ist dies der dritte Fehler, und der Satz ist wahr. Jede Annahme führt zu einem Widerspruch. Daher würden manche Logiker behaupten, dieser Satz sei weder falsch noch wahr, sondern sinnlos. So kann man natürlich jeden Spaß verderben.)

8. MÜDE. Zwei Stunden.

9. FÄLSCHUNG? Zum Pferdeanbinden.

10. SELTSAMER KAUF. Hausnummern.

5 Jetzt wird's physisch

1. FREGATTE IN DER BADEWANNE. So seltsam es klingt, es ist tatsächlich möglich, eine Fregatte in der Badewanne schwimmen zu lassen. Solange genug Wasser da ist, um das Schiff komplett zu umgeben, schwimmt es. Der Schiffsrumpf »weiß nicht«, ob er von einem Ozean um-

geben ist oder nur von einer briefmarkendicken Wasserschicht. Der Wasserdruck auf den Rumpf ist in beiden Fällen gleich.

Viele wollen das nicht glauben, weil sie die verdrängte Wassermenge verwechseln mit der Menge, die nötig ist, damit das Schiff schwimmt. Sehen Sie es einmal so: Das Schiff wiegt 30 000 Tonnen. Wenn man es in eine riesige, randvoll mit Wasser gefüllte Wanne herabläßt, beträgt das Gewicht des über den Rand schwappenden Wassers ebenfalls 30 000 Tonnen. Das Wasser ist jetzt weg. Der Rest, in dem das Schiff schwimmt, kann wesentlich kleiner sein. Wenn Rumpf und Wanne genau passen, kann die Wasserschicht weniger als einen Zentimeter dick sein. Dieses Prinzip wird beim Observatorium auf dem Mount Palomar ausgenutzt, wo das riesige, 530 Tonnen schwere Teleskop in einem Bassin auf einem dünnen Ölfilm ruht.

2. DER SCHIEFE TURM. Ja, das ist möglich. Man kann den obersten Stein sogar so weit überhängen lassen, *wie man will,* ohne daß der Turm zusammenbricht. Der Erfolg bei einem solchen Turmbau hängt davon ab, daß man sich von oben nach unten vorarbeitet. Man muß wissen, aus wievielen Dominosteinen der fertige Turm bestehen soll, bevor man mit dem Stapeln beginnt. Wie Sie sehen, ragt der oberste Stein um eine halbe Länge vor, der zweite um ¼, der dritte um ⅙, der vierte um ⅛, und so weiter. Schon nach fünf Steinen ragt Stein A um mehr als seine Länge über Stein Fünf hinaus. Bei einem unbegrenzten Vorrat von Dominosteinen beträgt der Überhang den Grenzwert der Reihe $1/2 + 1/4 + 1/6 + 1/8 + 1/10 + \dots$ Diese Reihe kann den Wert jeder endlichen Zahl annehmen. Nach 50 Steinen beträgt der Überhang 2¼ Steinlängen, für

3 Längen braucht man 227 Dominos und für 10 Längen, $1{,}5 \times 10^{44}$ Steine.

Es ist ein beliebter Scherz bei Physikstudenten, den Bibliothekar mit einem schiefen Turm aus Büchern zu überraschen. Wer geschickte Finger hat, sollte diesen Trick mal mit 52 Spielkarten versuchen. Damit kann man schon einen Überhang von zwei Kartenlängen erreichen!

3. GANZ UNTEN. Ganz weit unten wäre die Erdanziehung sogar *geringer,* da sich ein Teil der Erdmasse bereits über Ihnen befände. Diese Masse zieht Sie nach oben und hebt so einen kleinen Teil der Anziehungskraft der Masse auf, die sich unter Ihnen befindet.

Der Witz bei dieser Frage liegt darin, zu verstehen, daß die Erdanziehung nicht von einem Punkt in der Mitte der Erde ausgeht, sondern im Zusammenspiel aller Massen der Erdkugel entsteht. Selbstverständlich ist die Vorstellung einer gleichmäßig dichten Erde eine Fiktion, denn die Gravitation würde leicht ansteigen, wenn man sich dem dichteren Nickel-Eisen-Kern näherte. Beim Eintauchen in diesen Kern würde die Gravitation aber weiter abnehmen, und im absoluten Zentrum wäre sie völlig aufgehoben.

4. AMEISENRENNEN. Sie nähert sich dem Neumarkt mit einer Geschwindigkeit von 181 zps. Es ist egal, wie schnell der Mann ißt. Da sie sich von seinem Mund mit 1 zps entfernt (was relativ zur Wurst 3 zps macht), nähert sie sich dem Ziel um 1 zps schneller als er.

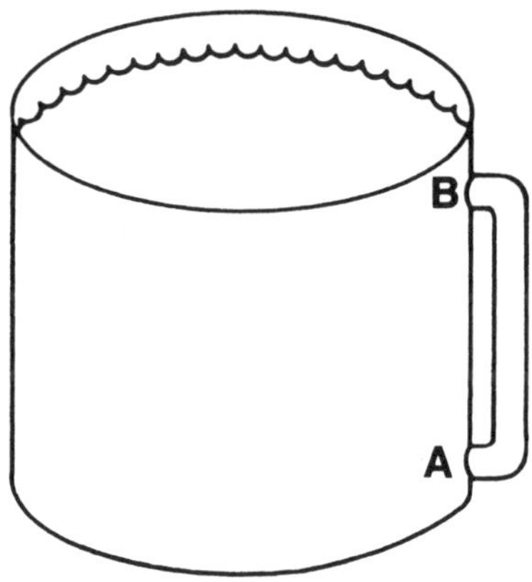

5. WASSERSPIELE. Die Wassergeschwindigkeit hängt davon ab, wie tief unter der Wasseroberfläche die Öffnung des Abflusses liegt. Hier liegen beide Abflußöffnungen gleich tief, aus beiden strömt das Wasser also mit gleicher Geschwindigkeit. Hierfür gibt es einen einfachen intuitiven Beweis. Angenommen, die beiden Abflußöffnungen wären außen miteinander verbunden, wie die Abbildung unten zeigt. Wenn das Wasser aus einer der Öffnungen mit größerer Geschwindigkeit ausströmte, würde es die Strömung des anderen Abflusses zurückdrängen und es entstünde ein Kreislauf bzw. ein Perpetuum mobile.

6. GEWICHTSPROBLEME. Die Schwankungen stammen von der Auf- und Abbewegung des Körperschwerpunkts während der Pumpzyklen des Herzens. Bei einem Körpergewicht von 75 kg beträgt diese Schwankung etwa 30 Gramm pro Herzschlag.

7. FEUER FREI! Beide schlagen gleichzeitig auf. Horizontale Geschwindigkeit hat keinen Einfluß auf die Fallgeschwindigkeit.

8. LUFTBALLON. Unter der Oberfläche erfährt er einen höheren Wasserdruck, der sein Volumen zusammenpreßt und seinen Auftrieb verringert. Der Ballon sinkt also. Dabei verringert sich sein Volumen weiter, so daß er ständig schneller sinkt. In großer Meerestiefe wäre der Wasserdruck so hoch, daß der Ballon sogar ohne angehängtes Gewicht sinken würde.

9. DAS PERFEKTE PIANO. Um ein Klavier *perfekt* zu stimmen, brauchte man buchstäblich eine Ewigkeit. Der Klavierstimmer schlägt gleichzeitig zu einem bestimmten Klavierton die entsprechende Stimmgabel. Dabei horcht er auf die Interferenzschläge. Während die Stimmung des Klaviertons mehr und mehr dem Ton der Stimmgabel angenähert wird, vergrößert sich der Abstand zwischen den Interferenzpulsen, bis er irgendwann mehr als eine Minute beträgt. Doch auch eine Klavierseite schwingt höchstens eine Minute lang nach. Also muß man akzeptieren, daß selbst das beste Steinway-Piano nie perfekt gestimmt sein kann.

10. U-BOOT. Der Wasserdruck wirkt auf allen Seiten senkrecht auf jeden Punkt des Schiffsrumpfes. Wenn ein U-Boot auf Ton oder sandigem Untergrund abgesetzt

wird, kann es sein, daß das Wasser unter dem Rumpf weggepreßt wird, wodurch ein beträchtlicher Teil des Auftriebs verloren geht und das Boot eventuell nicht mehr aufsteigen kann.

6 Das Aha-Erlebnis

1. TORTENSCHLACHT. Zwei senkrechte und ein waagerechter Schnitt lösen das Problem. Nur hat man jetzt ein neues: Wer bekommt die Stücke ohne Zuckerguß?

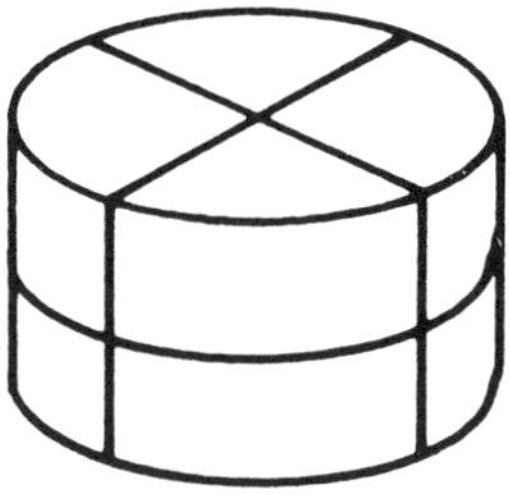

2. DER ZERTEILTE WÜRFEL. Man braucht mindestens sechs Schnitte, egal, wie die Stücke gestapelt werden. Das beweist der kleine Würfel, der aus dem Zentrum des Käseblocks herausgeschnitten wird. Keine seiner sechs Seiten ist identisch mit einer Außenfläche des Blocks, so daß hier genau sechs Schnitte stattfinden müssen.

»Sechs Schnitte ist also das Minimum«, überlegte die Effizienz-Expertin nach dieser Erkenntnis. »Aber ich frage mich, ob 27 Würfel das Maximum ist?« Wenn man die Käsestücke beliebig stapeln darf, was ist dann die Höchstzahl von Würfeln, die man mit sechs Schnitten produzieren kann? (Siehe: *Nachgedacht* Seite 188)

3. DER MÖNCH AUF DEM BERG. Stellen Sie sich vor, daß am selben Tag ein Mönch den Berg bestiege, während ihm ein anderer entgegenkäme. Beide folgten mit der gleichen Geschwindigkeit demselben Pfad wie der Mönch unserer Aufgabe. Natürlich treffen sie sich *irgendwo* auf dem Weg, obwohl wir nicht präzise sagen können, wo. Diese Wegstelle passierte der Mönch an beiden Tagen zur gleichen Zeit.

4. EIN MISSIONAR IN DER KLEMME. Der Missionar sagte: »Ich werde mit vergifteten Pfeilen erschossen.« Wenn der Satz wahr ist, wird er gegrillt. Also ist der Satz eigentlich falsch, und er wird dafür mit Pfeilen erschossen, wodurch er wieder wahr wird.

5. DAS MERKWÜRDIGE WETTRENNEN. Sie sagte: »Jeder reitet mit dem Pferd des anderen!«

6. DREIECKE. Zunächst legen Sie auf dem Tisch ein Dreieck aus drei Streichhölzern. Dies ist die Basis für drei andere Hölzchen, die mit den Spitzen aneinander angelehnt werden. Diese Figur nennt man »Tetraeder«.

7. SEQUENZ. Die Zahlen sind in alphabetischer Reihenfolge geordnet.

8. ÄPFEL UND BIRNEN. Nehmen Sie eine Frucht aus dem Karton mit »Äpfel und Birnen«. Welche Frucht es auch ist, kleben Sie das entsprechende Etikett auf diesen Karton. Das Schild »Äpfel und Birnen« gehört also auf einen der anderen Kartons, aber auf welchen? Nicht auf den, von dem Sie gerade das Etikett abgemacht haben,

denn dann würde der dritte Karton unverändert bleiben, aber in der Aufgabe hieß es ja, daß *alle* Etiketten falsch sind.

9. FAMILIENPLANUNG. Um 15.59 Uhr ist das Reagenzglas halbvoll. Das zweite Experiment wäre um 16.01 beendet, weil schon nach der ersten Verdopplung um 14.01 Uhr der Ausgangszustand des ersten Experiments erreicht wäre.

10. WINKEL. Der Winkel hat 60 Grad. Die Verbindung der beiden Linien auf der Rückseite des Würfels erzeugt ein gleichseitiges Dreieck.

7 Etwas für Spieler: Tic-Tac

1. TAC-TIC. Hier ist der zweite Spieler im Vorteil. Wenn er richtig spielt, kann er nicht verlieren, der erste Spieler kann bestenfalls ein Unentschieden erzwingen. Dazu muß er unbedingt auf dem Mittelfeld beginnen, sonst verliert er. Danach wird jeder Zug des Gegners auf dem genau gegenüberliegenden Feld beantwortet.

2. WILDES TIC-TAC. Mit einer Eröffnung in der Mitte kann der erste Spieler auf jeden Fall gewinnen, so daß dieser Zug ausgeschlossen werden sollte. Das Spiel ist wesentlich spannender, wenn man es auf einem Feld von 4×4 oder mehr spielt.

3. ZUGBRÜCKE. Bei dieser Version kann derjenige, der eine Dreierreihe bauen muß, auf jeden Fall einen Sieg erzwingen, ob er nun beginnt oder nicht. Freilich werden beide Spieler eine Weile brauchen, bis sie heraushaben, was hier die optimalen Züge sind.

4. TIC-TAC MOBIL. Wenn ein Eröffnungszug im Zentrum ausgeschlossen wird, können beide Spieler ein Unentschieden erzwingen. Aber auch hier wird man eine Weile üben müssen, bis man die optimale Strategie erkannt hat.

5. SPIEL OHNE GRENZEN. Der Nachziehende kann in keinem Fall einen Sieg erzwingen. Hierfür gibt es als Beweis eine einfache *reductio ad absurdum.* Angenommen, es gäbe eine sichere Gewinnstrategie für den zweiten Spieler, dann würde der erste seinen Eröffnungszug einfach mit einer sinnlosen Plazierung »verschwenden«, um in die Rolle des zweiten Spielers zu schlüpfen. Das ist offensichtlich absurd, denn der zweite Spieler würde dasselbe versuchen, und so weiter.

6. WORTSALAT/7. FÜNFZEHN. Die beiden Spiele sind strategisch identisch mit Tic-Tac. Die Zettel von *Wortsalat* können so arrangiert werden, daß die Wörter jeder Reihe, Spalte und Diagonale genau einen Buchstaben gemeinsam haben.

TIM	**IHN**	**GABI**
MUND	**HAUT**	**BUG**
ARM	**OHR**	**BERT**

Der Spielleiter des Fünfzehnspiels richtet sich bei seinen Plazierungen nach dem auch unter seinem chinesischen

Namen *lo-shu* bekannten magischen Quadrat. Es gibt acht verschiedene Dreierkombinatinen von Zahlen zwischen 1 und 9, die zusammen 15 ergeben, sie bilden die Reihen, Spalten und Diagonalen des *lo-shu.*

2	9	4
7	5	3
6	1	8

Die Wahl eine Karte bei *Wortsalat* oder eines Zahlfelds bei *Fünfzehn* entspricht strukturell einem bestimmten Zug bei *Tic-Tac.* Es spielt auch bei *Fünfzehn* keine Rolle, mit welcher Zahl Sie beginnen, denn der Spielleiter kann immer ein Unentschieden erzwingen. Die optimale Strategie besteht also darin, sein Geld zu nehmen und zu verschwinden. Natürlich kann jeder Spieler ein Unentschieden erzwingen, aber wer nicht genau merkt, daß er sich bei *Wortsalat* und *Fünfzehn* auf verkappte Versionen von *Tic-Tac* eingelassen hat, läßt besser die Finger davon.

10. TIC-TAC VERDOPPELT. Als Antwort auf meine Zeitschriftenkolumne über Tic-Tac schickte mir Paul M. Kay aus Birmingham in England die folgende Version des Spiels. Es wird auf einem Gitter von 4 × 4 Feldern gespielt, und jeder Spieler darf zwei Kreise bzw. Kreuze hintereinander machen. Jede Reihe, Spalte oder Diagonale aus vier gleichen Zeichen gewinnt und ist fünf Punkte wert. Bei einem Unentschieden wird immerhin jede Dreierreihe mit einem Punkt belohnt. Wer als erster 20 Punkte zusammen hat, gewinnt das »Match«.

»Der Witz bei diesem Spiel liegt darin«, schreibt Kay, »daß man immer darauf achten muß, daß der Gegner ja zweimal hintereinander ziehen darf und ihm eine offene Zweierreihe schon zum Sieg verhilft. Nach einiger Zeit wird man sich kaum noch von einer Viererreihe übertölpen lassen. Um so mehr kommt es darauf an, genügend Dreierreihen zu sammeln.«

8 Geometrie-Quiz

1. DEN KREIS ZERLEGEN. Mit vier geraden Linien kann ein Kreis in maximal elf Segmente zerlegt werden.

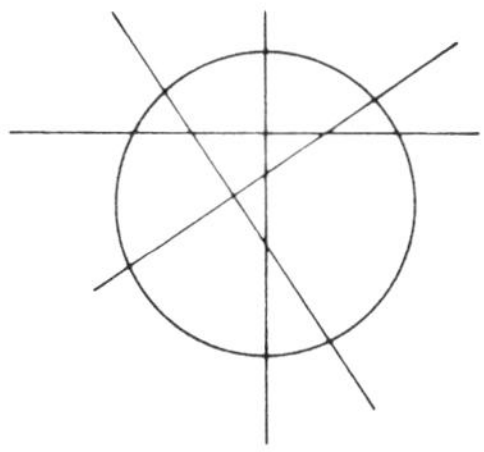

2. DIE QUADRATUR DES DREIECKIGEN KREISES. Man beginnt die Herstellung dieser Figur mit einem Zylinder von 10 cm Durchmesser und Höhe. Von der Seite bietet er ein quadratisches Profil. Nun schneidet man zwei Stücke ab, so daß in der anderen Richtung das Profil eines Dreiecks entsteht. Die Abbildung auf der nächsten Seite erklärt mehr als tausend Worte:

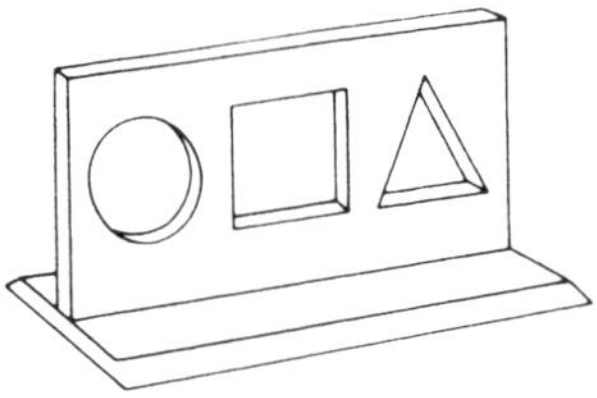

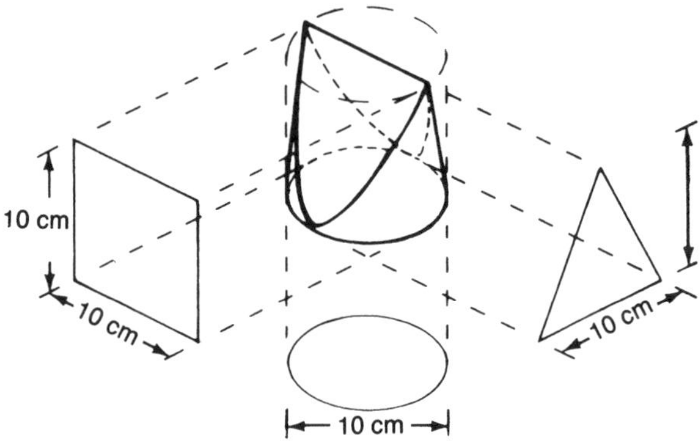

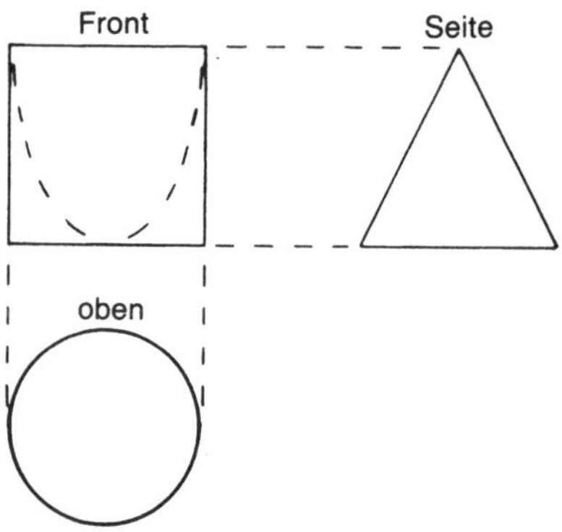

3. SPINNE UND FLIEGE. Stellen Sie sich die Halle auseinandergeklappt vor wie einen Schuhkarton. Man kann sich die Wege der Spinne dann als gerade Strecken vorstellen, die die Ausgangspunkte von Spinne und Fliege verbinden. Die direkte Route (A) über den Boden beträgt,

wie gesagt, 21 Meter. Die Route (B) über den Boden und eine Wand ist 20,35 Meter lang. Am kürzesten jedoch ist der geodätische Weg (C), der genau 20 Meter lang ist. Interessanterweise führt der kürzeste Weg die Spinne über fünf der sechs Seiten der Halle.

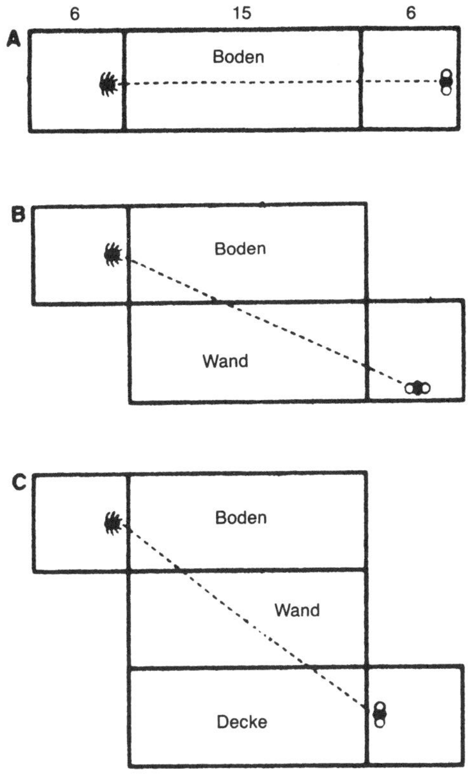

4. DAS GOLDFISCHBECKEN. Kam es Ihnen so vor, als hätten wir Ihnen nicht genug Informationen gegeben, um die Aufgabe zu lösen? Oh doch, es gab genug! Erinnern Sie sich: Wenn einem Kreis ein rechtwinkliges Dreieck eingezeichnet wird, dann ist seine Hypotenuse gleich dem Durchmesser des Kreises. Das Fischbecken hat also einen Durchmesser von 10 Metern ($6^2+8^2=10^2$).

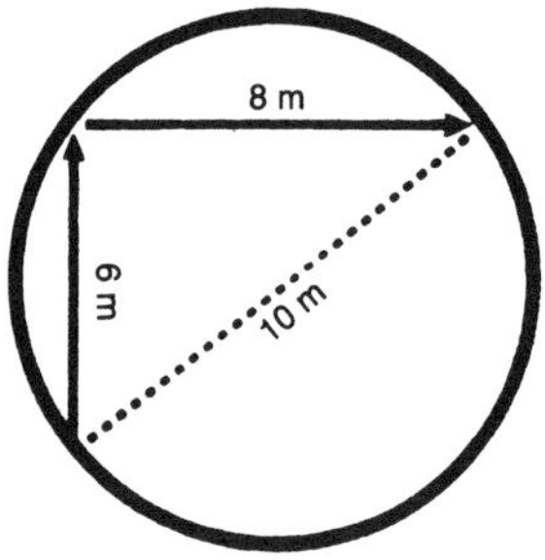

5. PURZELNDE POLYEDER. Nein. Ein Körper, der auf keiner Seite liegenbliebe, wäre ein Perpetuum mobile.

6. KREISE IN QUADRATEN. Auch hier scheint es nicht genügend Informationen zu geben. Der Schlüssel liegt darin, sich nicht in die Falle locken zu lassen und die Größen der Kreise und Quadrate einzeln berechnen zu wollen. Man muß das Problem als Ganzes angehen.

In der Art, wie die meisten Leute die Aufgabe verstehen, läßt sich zunächst der Durchmesser des mittleren Kreises berechnen: er ist gleich der Seitenlänge des großen Quadrats. Die Seitenlänge eines Quadrats ist gleich der Diagonale geteilt durch die Quadratwurzel von 2. Die Diagonale des großen Quadrats beträgt 10 cm, also beträgt der Durchmesser des mittleren Kreises $10/\sqrt{2}$ cm. Es macht nichts, wenn Sie jetzt nicht wissen, wie groß $\sqrt{2}$ ist, denn dieselbe Operation müssen Sie noch einmal wiederholen, wenn Sie den Durchmesser des inneren Kreises bestimmen. Hierzu muß 10 zweimal durch $\sqrt{2}$ dividiert werden, was dasselbe ist, wie eine einmalige Division durch 2. Also beträgt der innere Kreisdurchmesser 5 cm. Man rechnet zweimal mit der Wurzel von 2 und braucht doch nicht zu wissen, wie groß sie ist!

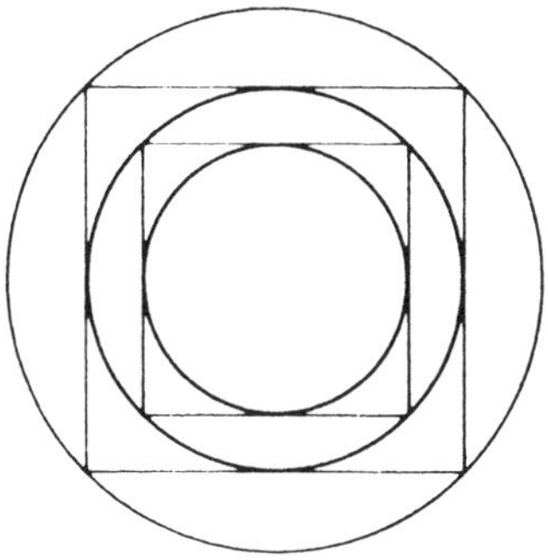

Ich sagte vorhin, daß die meisten Leute die Aufgabe auf diese Weise verstehen, und so *kann* sie ja auch perfekt im Kopf gelöst werden. Wenn man aber bereit ist, die üblichen Denkwege zu verlassen, gibt es sogar eine noch einfachere Lösung. An keiner Stelle der Aufgabe wird verlangt, daß die beiden Quadrate gleich ausgerichtet sein müssen. Wenn man, wie in der Abbildung, das innere Quadrat um 45 Grad dreht, läßt sich der Durchmesser des kleinsten Kreises herausfinden ohne den geringsten Bezug zur Wurzelrechnung! Verschaffen Sie sich wieder mal ein Aha-Erlebnis. (Lösung siehe: *Nachgedacht* Seite 188)

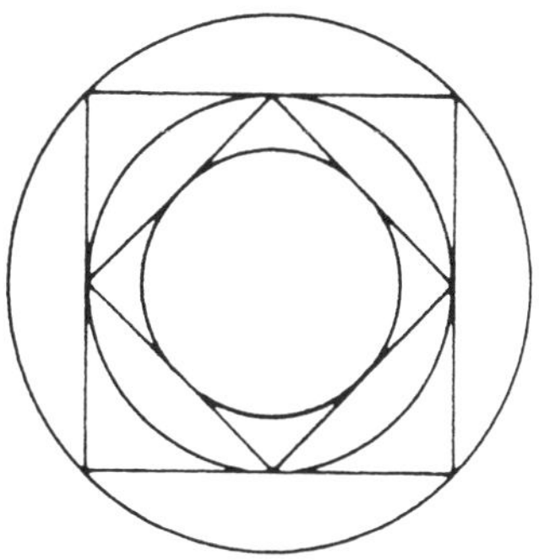

7. SCHWIERIGES ERBE. Dies ist die einzige Lösung des Problems. Wie Sie sehen, haben alle Parzellen die Form des ursprünglichen Landstücks.

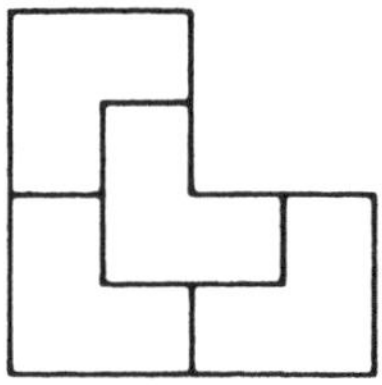

Nachdem sich Ihre Verstandeskräfte an dieser Aufgabe gestärkt haben, folgt hier ein verwandtes Problem. Bauer Krauskohl besitzt wieder mal ein quadratisches Stück Land, aber diesmal soll es unter fünf Kindern verteilt werden. Die Parzellen können von beliebig bizarrer Form sein, solange alle gleich groß sind. Es gibt nur eine einzige Möglichkeit, ein Quadrat in fünf deckungsgleiche Stücke zu zerlegen. Kennen Sie sie? (Siehe: *Nachgedacht* Seite 189)

8. KRAUSKOHLS KOPFZERBRECHER. Die »klassische« Lösung der Zerlegung eines Trapezes in vier kleinere zeigt die Abbildung. Jahrelang galt sie als die *einzige* Lösung, wie zum Beispiel Harold R. Jacobs in seinem Lehrbuch *Geometry* und Martin Gardner in *Aha! Insight* behaupten. Doch die Geometrie steckt voller Überraschungen, und vor einigen Jahren wurde Martin Gardner von dem Mathematiklehrer Richard Brady aus Washington D. C. informiert, sein Schüler Andrew Miller hätte eine andere Lösung gefunden!

Mathematiker, die dieses Kapitel für abgeschlossen gehalten hatten, waren ziemlich erstaunt. In Millers Lösung

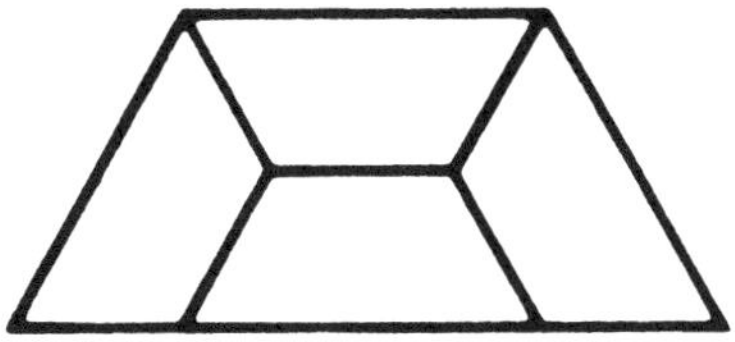

haben die vier Parzellen nicht die gleiche Form wie das Original, aber sie sind untereinander deckungsgleich, wenn ein oder mehrere Elemente gespiegelt werden dürfen. Hier ist nochmal das ursprüngliche Trapez. Damit Ihre Überlegung die richtige Richtung nimmt, sollten Sie die Länge der Basis (die ja vor dem Abschneiden der Spitze die Seite eines gleichseitigen Dreiecks war) mit 16 Einheiten annehmen. Millers Zerlegung funktioniert mit Längen von 1 und 5 Einheiten. (Siehe: *Nachgedacht* Seite 190)

9. KREISRUND. Die Längenangabe von 3 cm ist zur Lösung der Frage völlig überflüssig. Entscheidend ist, daß die Diagonale des Rechtecks 8 cm lang ist, somit auch seine andere Diagonale, die gleich dem Radius des Kreises ist. Sein Durchmesser beträgt also 16 cm.

10. KEIN LOCH IN DER LOGIK. Die wichtigsten Lösungshinweise für dieses Problem liegen in seinem Titel und in unserer Versicherung, daß es lösbar ist. Daraus kann man ableiten, daß, ganz unabhängig davon, wie

groß die Kugel und wie weit die Bohrung ist, das Volumen des Kugelrestes immer gleich ist. Sonst wäre das Problem unlösbar.

Der einfachste Fall wäre der einer ideal dünnen Bohrung, der von der Kugel überhaupt nichts wegnähme. Die Länge der Bohrung wäre gleich dem Durchmesser der Kugel. Die Formel eines Kugelvolumens lautet $\frac{4}{3} \pi r^3$, bei einem Durchmesser von 10 cm macht das also 523,6 cm^3. Selbst wenn Sie die Aufgabe nicht bis zu Ende durchgerechnet haben, sondern nur allgemein den Lösungsweg erkannt haben, dürfen Sie sich zu Ihrem Scharfsinn gratulieren. Wenn eine 10 cm lange Bohrung durch eine wesentlich größere Kugel getrieben würde, dann wäre die Öffnung zwar viel weiter und es bliebe nur ein dünner Rand stehen, aber er hätte genau das Volumen einer Kugel von 10 cm Durchmesser.

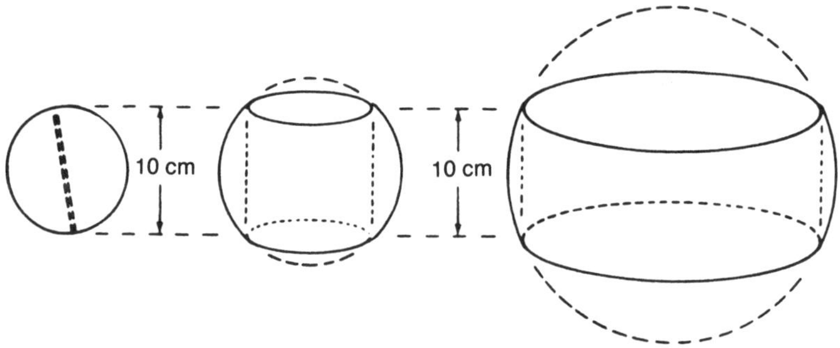

9 Wortspiele: Die Logik der Sprache

1. GEMEINSAMKEIT. Jedes Wort enthält drei alphabetisch aufeinander folgende Buchstaben.

2. ZU HABEN GEHABT. Paul, während Maria »gehabt hatte« hatte, hatte »hatte« gehabt. »Hatte« hatte die Billigung des Lehrers.

3. ALPHABET. Eins, acht.

4. ZÄHLWERK. Eine Million.

5. KÖRPERTEILE. Fuß, Arm, Lid, Zeh, Ohr.

6. ASSOZIATION. Das Wort *Uhr* paßt, weil alle mit der Vorsilbe *Sand-* verbunden werden können.

11 Klassiker

1. DIE FÜNF ZIMMER. Die Linie muß entweder in einem Raum beginnen oder von außen hineinkommen. Außer dem Anfangs- und dem Endraum muß sie also jeden Raum betreten und wieder verlassen. Räume mit einer geraden Anzahl von Wänden sind kein Problem: Die Linie geht zweimal hinein und zweimal hinaus. Hier aber gibt es drei Räume mit je fünf Wänden. Entweder beginnt die Linie in so einem Raum, dann endet sie außerhalb, oder umgekehrt. Bei nur zwei solcher Räume gäbe es wieder kein Problem: Die Linie endete in dem einen und finge in dem anderen an. Bei drei derartigen Räumen gibt es jedoch keine Möglichkeit, eine durchgezogene Linie nach den gestellten Bedingungen zu ziehen.

Viele Leser waren nicht zufrieden mit der Idee eines »unlösbaren« Problems und schlugen alternative Lösungen vor, die meistens auf einer etwas großzügigeren Interpretation der Bedingungen beruhen. Der häufigste Vorschlag war, die Linie längs durch eine Wand laufen zu lassen.

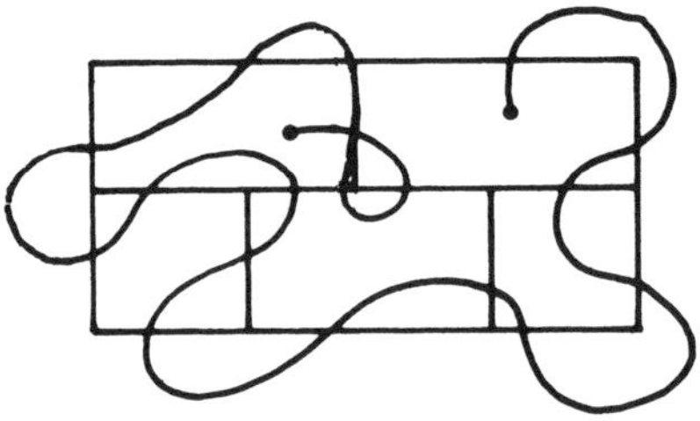

Diese Lösung wurde vor einigen Jahren in *Ripley's Believe It Or Not!* mit folgendem Kommentar veröffentlicht: »Sie werden bemerken, daß die Linie an einer Stelle längs durch eine Wand läuft, sie aber nicht kreuzt. Denn eine Linie hat nur eine Dimension: Länge. Diese ungewöhnliche Lösung stammt von dem großen Mathematiker Euler persönlich. Sie wurde 1736 der St. Petersburger Akademie der mathematischen und Naturwissenschaften vorgelegt und gebilligt. Euler veröffentlichte sie in einem Essay, der mit den Worten ›Solutio Problematis‹ beginnt.«

Ohne dem großen Leonhard Euler zu nahe treten zu wollen, halten wir diese Lösung für unbefriedigend. Viele Leser, die diesen Vorschlag unterbreitet hatten, waren nämlich durchaus der Meinung, die Linie *kreuze* – wenn auch in Längsrichtung – die betreffende Wand. Ein so zweideutiger Vorschlag läßt doch manches zu wünschen übrig.

Eine ähnlich zweideutige Position vertraten jene Leser, die die Linie genau in einer Ecke aus einem Raum führten. Manche argumentierten, hier würde überhaupt *keine* Wand gekreuzt, andere hielten dies für die gleichzeitige Kreuzung von *zwei* Wänden. Ein Leser kreuzte eine

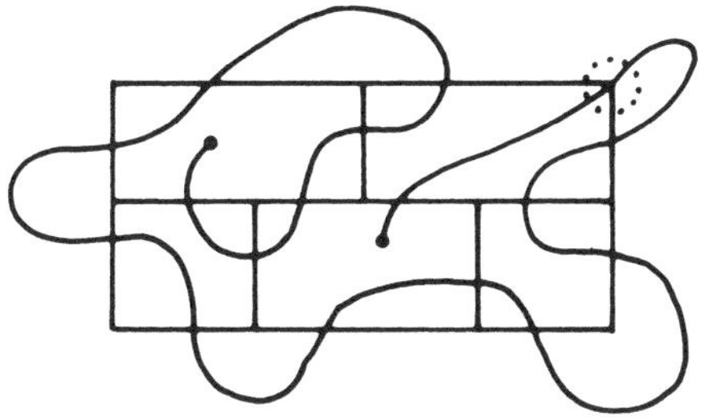

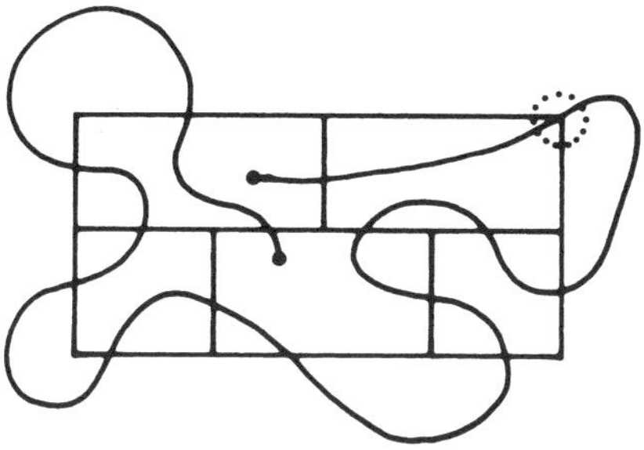

Wand, indem er vorschlug, sich unter ihr hindurchzugraben. Andere Einsender waren der Meinung, das auf einer ebenen Fläche unlösbare Problem könne gelöst werden, wenn man es auf die äußere (oder innere) Oberfläche einer Kugel zeichne. Andere hielten dagegen, auch auf einer Kugel funktioniere das Problem nicht, sondern nur auf einem *Torus.* Dies ist der mathematische Ausdruck für ein Gebilde mit einem Loch in der Mitte wie z. B. ein Schwimmreifen. Was halten Sie von diesen Theorien? Kann das Problem der fünf Räume auf den Oberflächen einer Kugel oder eines Schwimmreifens gelöst werden? (Siehe: *Nachgedacht* Seite 190)

2. STADTWERKE. Diesen Klassiker hat sich der englische Rätselerfinder Henry Ernest Dudeney im Jahr 1917 ausgedacht. Der Beweis, daß er nicht lösbar ist, beginnt

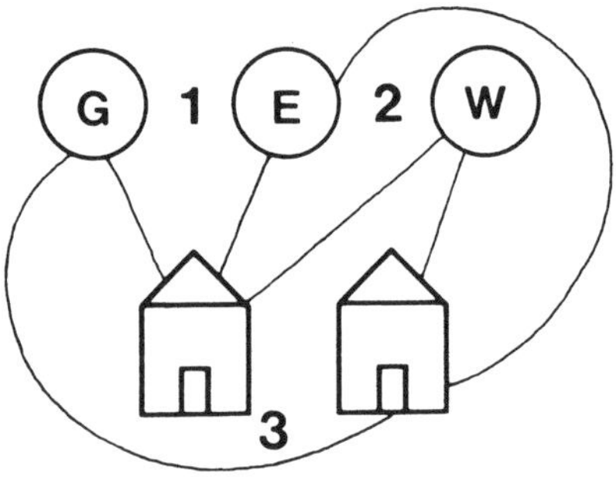

damit, daß man sich zunächst die Verbindung von zwei Häusern vorstellt. Dadurch wird die Fläche in drei Zonen (die Zonen 1, 2 und 3 in der Abbildung) aufgeteilt. Selbst wenn Ihre Linien nicht genau mit dem Beispiel übereinstimmen, zerlegen sie die Fläche auf jeden Fall in drei Zonen, die strukturell identisch sind mit den hier abgebildeten. Fügen Sie jetzt Haus C in die Abbildung ein. Wohin? In Zone 1 ist es von der Wasserzufuhr abgeschnitten, in Zone 2 gibt es kein Gas und in Zone 3 gibt es keine Stromverbindung. Das beweist, daß die Aufgabe in dieser Formulierung unlösbar ist.

Wie erwartet, haben viele Leser von *Omni* diesen Beweis der Unlösbarkeit als persönliche Herausforderung begriffen. Sie hielten sich streng an den Wortlaut der Frage (»die Leitungen dürfen kein Haus durchqueren«) und schlugen eine Untertunnelung vor. Andere plädierten für Strommasten, um die elektrischen Leitungen über die Wasserleitungen hinwegzuführen, oder sie verlegten die Stadtwerke gleich in die Gebäude hinein. Ebenso fanden sich wieder Befürworter der Theorie, das Problem könne sehr wohl auf der Oberfläche eines Torus, also eines Schwimmreifens, gelöst werden. Was halten Sie davon? (Siehe: *Nachgedacht* Seite 192)

3. NEUN PUNKTE. Die klassische Lösung mit vier Linien ist diese:

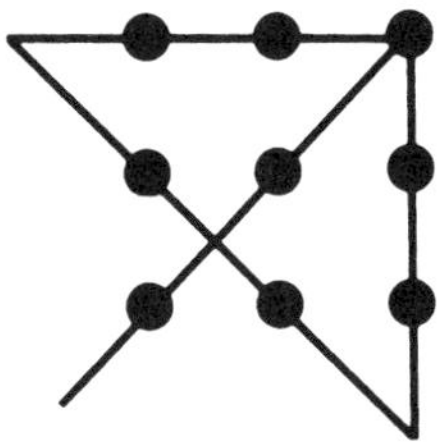

In der Aufgabe steht nichts davon, daß die Linien den Bereich der neun Punkte nicht verlassen dürften. Trotzdem halten das viele Leute für eine Bedingung und können deshalb die Lösung nicht finden. Dozenten der Stanford Universität benutzen diese Aufgabe, um ihren Studenten zu zeigen, wie Gewohnheiten das Denken behindern. Sie waren einigermaßen überrascht, als ihnen ein Student erklärte, nirgendwo stünde auch, daß die Linien durch die *Zentren* der Punkte führen müßten, und ihnen eine Lösung mit nur drei Linien vorschlug:

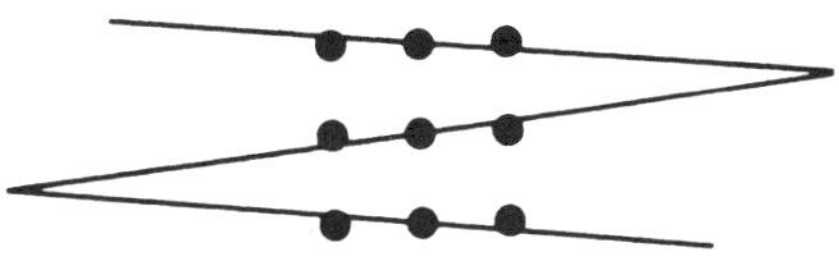

Andere »seitwärts« gedachte Lösungen hatten mit dem Falten des Papiers zu tun. Wenn man zum Beispiel das Blatt so faltet, daß eine Punktreihe genau über einer anderen liegt, dann kann man alle sechs Punkte mit einer Linie verbinden und die Aufgabe ist mit drei Verbindungen gelöst. Andere Faltmethoden erlauben die Verbindung aller neun Punkte mit nur einer Linie. Diese hier veröffentlichte Eugene Raudsepp in seinem Buch *Creative Growth Games:*

Viele Leser haben sich Faltmethoden ausgedacht, um die Verbindung mit einer Linie herzustellen. Joe Eddy Brown aus Glen Ellyn, Illionois, schickte ein »Paket« mit acht verschiedenen Lösungen, darunter folgenden: Man ziehe die Linie mit einem extrem dicken Pinsel; man falte das Blatt in der Weise, daß alle Punkte übereinander liegen und mit einer Nadel durchbohrt werden können; man wickle das Blatt um einen Zylinder und verbinde alle Punkte mit einer Schlangenlinie:

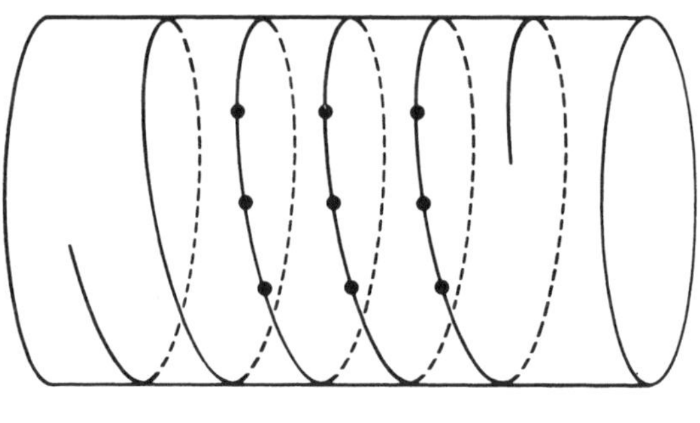

4. WELCHE FARBE HATTE DER BÄR? Der Forscher könnte so nahe am Südpol stehen, daß der ostwärts gerichtete 100-Meterlauf des Bären diesen nach Umrundung des Pols wieder an den Ausgangspunkt zurückführt. Er könnte seinen Standpunkt immer näher an den Pol verlagern, den der Bär dann zwei-, drei- oder mehrmals umrunden müßte.

Benjamin Schwartz hat zwei andere unendliche Mengen von Lösungen entdeckt. Bei der einen bleibt der Bär genau auf der dem Forscher entgegengesetzten Polseite stehen, nachdem er ihn anderthalbmal, zweieinhalbmal, etc. umrundet hat. Bei der zweiten starten Mann und Bär auf entgegengesetzten Seiten des Pols, wobei der Forscher etwas weiter weg steht. Der Bär vollführt dann einen halben Kreis, einen ganzen, anderthalb, zwei Kreise, und so weiter.

Nach Martin Gardners Ansicht ist die Jagdsaison auf Bären noch nicht zu Ende. R.S. Burton schlug eine Lösung vor, die die Rotation der Erde und die Corioliskraft einbezog. Schwartz entgegnete dem, diese Lösung sei unpraktikabel, da die Kugel unmöglich langsam fliegen müßte, damit die Erddrehung irgendeinen Effekt auf ihre Flugbahn haben könnte. Als guter Sportsmann hat Schwartz aber eine andere Coriolislösung vorgeschlagen: »Die Kugel hat eine Mündungsgeschwindigkeit von etwa 27350 km/h, was gerade ausreicht, um sie in einer Umlaufbahn von 1,50 Meter Höhe zu halten. In einer unendlichen Anzahl von Orbits umkreist sie die Erde, wobei sich ihre Flugbahn immer weiter nach Westen verlagert, bis sie (mit der Wahrscheinlichkeit 1) jeden Bären trifft, der höher als 1,50 Meter ist. Wichtiger Hinweis an den Schützen: Nach dem Schuß bitte ducken!«

5. FALSCHMÜNZEREI: Numerieren Sie die Säcke von 1 bis 10 und entnehmen sie jedem die Anzahl von Münzen, die seiner Nummer entspricht, also eine aus Sack 1, zwei aus Sack 2, etc. Alle 55 Münzen werden zusammen gewogen. Das Ergebnis ist um genau die Anzahl von Gramm zu leicht, die der Nummer des betreffenden Beutels entspricht.

Aber halt, haben wir nichts vergessen? Wir wissen ja nicht, wie schwer eine echte Münze überhaupt ist. Müssen wir nicht das Gewicht von 55 echten Münzen kennen, um die Abweichung zu bestimmen? Nein. Diese Prozedur sagt ihnen nicht nur die Nummer des Säckchens mit den falschen Münzen, sondern auch, wieviel eine echte wiegt. Wissen Sie, wie? (Siehe: *Nachgedacht* Seite 192)

6. ZWÖLF MÜNZEN. Ihr erstes Problem ist es hier, die Münzen so zu verteilen, daß man aus jedem Wiegen das Maximum an Informationen erhält. Wenn man sechs gegen sechs Münzen wiegt, senkt sich eine Schale und die andere geht nach oben, und Sie haben immer noch zwölf »Unbekannte«. Vielleicht probieren Sie's mit drei gegen drei, aber wenn die Schalen ausgeglichen bleiben, haben Sie immer noch sechs unbekannte Münzen und nur noch zwei Wiegevorgänge. Mit etwas Herumprobieren werden Sie feststellen, daß es so nicht geht.

Günstigsterweise wiegt man beim ersten Mal vier gegen vier Münzen, man beginnt also mit den Münzen 1, 2, 3 und 4 gegen die Nummern 5, 6, 7 und 8. Bleiben die Schalen ausgeglichen, weiß man, daß die Fälschung in der Gruppe 9, 10, 11 und 12 steckt. Nehmen Sie drei dieser Münzen, etwa 9, 10 und 11, und wiegen Sie sie gegen drei normale, z.B. 1, 2 und 3. Bleiben die Schalen ausgeglichen, wissen Sie, daß die 12 die Fälschung ist, und ein letzter Vergleich mit einer normalen Münze ergibt, ob sie zu leicht oder zu schwer ist. Ergibt sich beim zweiten Wiegen aber eine Differenz, dann muß das gesuchte Stück die 9, 10 oder 11 sein, jedoch weiß man schon, je nach dem, ob sich die betreffende Schale senkt oder nicht, ob die Fälschung zu leicht oder zu schwer ist. Angenommen, die Schale senkt sich, dann ist eine der Münzen 9, 10 und 11 zu schwer. Zwei davon wiegt man gegeneinander. Senkt sich hier keine der Schalen, ist die übriggebliebene Münze der Übeltäter, ansonsten diejenige, deren Schale sich senkt. Die Entscheidung zwischen drei Münzen läßt sich also mit einem Wiegen treffen.

Richtig schwierig wird es erst, wenn sich schon beim ersten Wiegen von vier gegen vier ein Unterschied ergibt. Wenn sich die Schale mit 1, 2, 3 und 4 senkt, befindet sich entweder unter diesen eine zu schwere, oder unter den anderen Münzen eine zu leichte. Wie kann man in zwei weiteren Wiegevorgängen die Fälschung herausfiltern? Es gibt mehrere gleich wirksame Strategien. Beispielsweise legt man drei »schwere« und eine »leichte« (etwa 1, 2, 3 und 5) auf die linke Schale und eine »schwere« und drei normale (etwa 4, 9, 10 und 11) auf die rechte. Bleiben die Schalen ausgeglichen, weiß man, daß von den Münzen 6, 7 und 8 eine zu leicht ist. Dies ist das bekannte »Drei-Münzen-Problem«, das mit einmaligem Wiegen zu lösen ist.

Wenn sich beim zweiten Wiegen aber statt eines Gleichgewichts die Schale mit 1, 2, 3 und 5 senkt, weiß man, daß entweder 1, 2 oder 3 zu schwer sind – das bekannte »Drei-Münzen-Problem«. Wenn sich aber 4, 9, 10 und 11 senken, ist entweder die 4 zu schwer, oder die 5 zu leicht. Im dritten Versuch wiegen Sie eine davon gegen eine normale Münze, und Sie haben den Schuldigen.

Ist soweit alles klar? Vielleicht hilft es Ihnen, die einzelnen Schritte mit richtigen Münzen noch einmal nachzulegen. Der entscheidende Schritt ist das zweite Wiegen, wenn die erste Paarung von vier gegen vier kein Gleichgewicht ergibt. Auch beim zweiten Mal wiegt man vier gegen vier. Es geht aber auch, wenn mal beim zweiten Mal nur drei gegen drei wiegt. Vielleicht macht es Ihnen Spaß, die einzelnen Schritte zu bestimmen, wenn beim zweiten Wiegen

1. zwei »schwere« und eine »leichte« Münze links gegen zwei »schwere« und eine »leichte« rechts gewogen werden;
2. zwei »schwere« und eine »leichte« Münze links gegen eine »schwere«, eine »leichte« und eine normale rechts gewogen werden.

Sämtliche dieser Lösungen gelten konditional, das heißt, über das zweite Wiegen wird erst entschieden, wenn das Ergebnis des ersten Wiegens feststeht. Das dritte Wiegen hängt wiederum vom Ausgang des zweiten ab. Die Leser Mike Kellen aus Oakdale, Minnesota, und Gregory B. Stone aus Paris haben nicht-konditionale Strategien entwickelt, in denen sie die drei Wiegevorgänge schon im Voraus bestimmen, ohne abzuwarten, wie sich die

Wiegen	linke Schale	rechte Schale
erstes	1, 2, 3, 4	5, 6, 7, 8
zweites	1, 2, 5, 6	7, 9, 10, 11
drittes	1, 7, 9, 12	4, 5, 8, 10

Schalen senken. Hier ist eine Tabelle ihrer Versuche. Können Sie sich vorstellen, wie man mit ihrer Hilfe das Problem der zwölf Münzen löst? (Siehe: *Nachgedacht* Seite 192)

7. DAS UHRENPROBLEM. In jeder Periode von 12 Stunden überdecken sich die Zeiger 11mal, und *nicht* 12mal. Wenn jetzt, wie in der Aufgabe behauptet, Mittag ist, dann bedecken sich die Zeiger *zwischen* jetzt und Mitternacht noch 10mal.

Wie schon gesagt, lassen sich mit dieser Aufgabe großartige Diskussionen anzetteln. Zunächst steht fest, daß die Überlagerung von 12 Uhr nur einmal in jeder Periode von 12 Stunden gezählt wird. Betrachtet man mehrere Perioden hintereinander, wird das klar. Entweder beginnt sie damit, oder sie endet damit.

Mancher wird hier zustimmen, aber behaupten, unsere Antwort sei trotzdem falsch. Als Beweis wird er folgende Überlagerungen der Zeiger anführen:
(1) 12:00, (2) 1:05, (3) 2:10, (4) 3:15, (5) 4:20, (6) 5:25, (7) 6:30, (8) 7:35, (9) 8:40, (10) 9:45, (11) 10:50, (12) 11:55

Was stimmt hier nicht? Es sollte klar sein, daß hier etwas nicht stimmen kann, weil sich die Zeiger nicht um 11:55 bedecken können und um 12:00 schon wieder. Hier ist die Tabelle der tatsächlichen Übereinstimmungen der Zeiger, und zwar exakt bis auf die Hundertstelsekunde:

1. 1:05:27,27
2. 2:10:54,55
3. 3:16:21,82
4. 4:21:49,09
5. 5:27:16,36
6. 6:32:43,64
7. 7:38:10,91

8. 8:43:38,18
9. 9:49:05,46
10. 10:54:32,73
11. 12:00:00,00

Das erste Zusammentreffen der Zeiger nach 12:00 ist nicht um 1:05, wie die meisten annehmen. Um 1:00 zeigt der kleine Zeiger auf die 1. Aber fünf Minuten später, wenn der große Zeiger auf die 1 zeigt, hat sich der kleine schon wieder ein Zwölftel des Weges Richtung 2 bewegt, und so weiter. Wer's jetzt noch nicht glaubt, probiert es am besten mit einer richtigen Uhr aus und zählt mit.

12 Sind Sie ein guter Beobachter?

1. In der abnehmenden. Man kann es daran merken, daß seine Rundung mit der Rundung des »a« in »abnehmend« übereinstimmt. Beim zunehmenden Mond zeigt seine Rundung in die andere Richtung, wie bei einem altdeutschen »ʒ«. Übrigens verhält es sich auf der Südhalbkugel genau umgekehrt.
2. Vier (Rot, rot-gelb, grün, gelb).
3. Von rechts oben nach links unten.
4. In der linken.
5. Nach links.
6. Leichter.
7. Na, haben Sie's gewußt?
8. 112.
9. Rhythmus.
10. Gegen den Beinrhythmus. Hoffentlich.
11. 40.
12. Nach links.

13. 88.
14. Über der 4.
15. Von links oben nach rechts unten.
16. Aus 49.
17. Auf der rechten.
18. Rechts.
19. Rechts ist der richtige Würfel.
20. Rechts.
21. Wenn er nicht rund ist, hat er sechs Seiten.
22. Österreich, Schweiz und BR Deutschland.
23. Genau 20.
24. Luxemburg.
25. Von der Spitze zum Ende.
26. Auf dem Kreuz-Bauer.
27. Violine mit Bogen und Klarinette.
28. Stern und Raute (Doppelkreuz).
29. Das Holstentor in Lübeck.
30. Karo-Bauer.

13 Einblicke (Teil zwei)

1. DAS GOLDENE KETTCHEN. Der Juwelier trennte alle drei Glieder eines der Kettenstücke auf und benutzte sie als Verbindung für die anderen Stücke. Das kostete 6 Mark.

2. DIE RASTLOSE FLIEGE. Es scheint auf den ersten Blick so, als wäre das Problem nur mit einer furchtbaren Rechnerei zu lösen. Als müsse man die Summe einer unendlichen Zahl von Wegstrecken ermitteln, die immer kleiner werden, je näher sich die Autos kommen. Doch wenn man sich auf den Faktor *Zeit* statt auf die *Strecke* konzentriert, ist die Lösung plötzlich ganz einfach. Die Autos sind 80 km voneinander entfernt und ihre Geschwindigkeiten addieren sich zu 80 km/h. Das heißt, sie treffen in einer Stunde aufeinander. In einer Stunde legt eine mit 100 km/h fliegende Fliege natürlich 100 km zurück.

Es kursiert die Geschichte, daß diese Aufgabe einmal dem berühmten ungarischen Mathematiker John von Neumann gestellt wurde. Er dachte einige Augenblicke nach, bevor er die richtige Lösung sagte. Der Fragesteller gratulierte ihm und sagte: »Die meisten Leute glauben, daß man bei diesem Problem eine unendliche Anzahl von Wegstrecken addieren muß.« Von Neumann blickte irritiert: »Was meinen Sie damit«, fragte er, »genau so habe ich es doch gelöst.«

3. INNENDIAGONALE. Man kann die Innendiagonale mit einem Lineal messen, wenn man eine »Phantomschachtel« konstruiert, in die man das Lineal hineinhalten kann. Beispiele mit einem Besenstiel und einer Tischecke sehen Sie in der nebenstehenden Abbildung.

4. FAMILIENFEST. Vier Personen, und zwar ein Bruder ohne seine Frau, doch mit seinem Sohn, und eine Schwester ohne ihren Mann, doch mit ihrer reizenden Tochter.

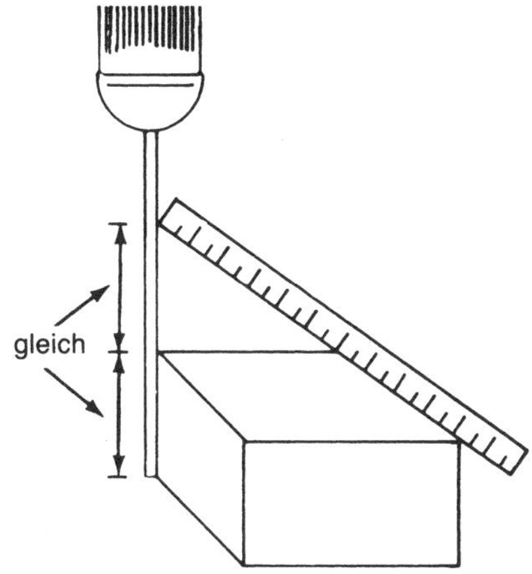

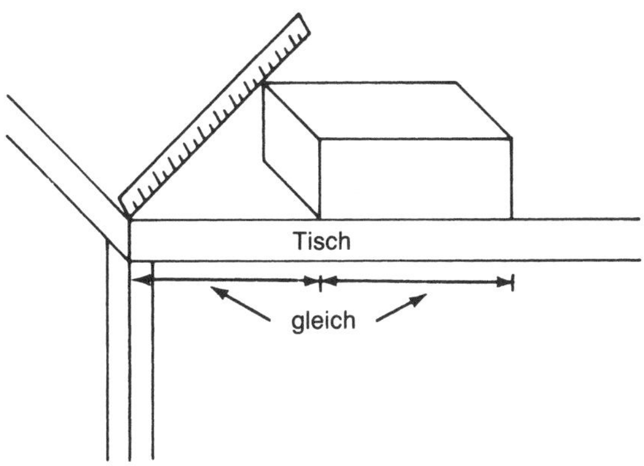

5. GIB GAS, GUSTAV. Ab sofort muß Gustav mit unendlicher Geschwindigkeit fahren, um einen Schnitt von 100 km/h zu erreichen. Er müßte die ganze Strecke in 10 Stunden schaffen, um diesen Durchschnitt mindestens zu erreichen. Aber da er die 10 Stunden schon verbraucht hat, (500 km bei 50 km/h), bleibt ihm für den Rest keine Zeit mehr. Da müßte er sogar schneller als Licht sein.

6. DIE BADEWANNE. Nach dem Auskippen der Schrauben und Muttern *senkt* sich der Wasserspiegel. Ein schwimmender Gegenstand verdrängt die Wassermenge seines *Gewichts*, ein Gegenstand unter Wasser nur die Wassermenge seines *Volumens*.

7. DIE BEFREITE SCHERE. Ziehen Sie an der Schlaufe, die am linken Griff hängt. Erweitern Sie sie und führen Sie sie entlang der Schnur durch den rechten Griff. Wenn die Schlaufe groß genug ist, können Sie die ganze Schere hindurchziehen und befreien.

8. DAS FAHRRAD. So merkwürdig es klingt, aber wenn man an der unteren Pedale nach hinten zieht, bewegt sich auch das Fahrrad *nach hinten*. Die Kraft greift an der Pedale in der Weise an, daß sich das Rad normalerweise vorwärts bewegen würde. Aber die Größe der Räder und die Übersetzung von der Pedale auf die Hinterachse bewirkt, daß das Fahrrad sich unter der Wirkung des Zugs nach hinten bewegt. Freilich bewegt sich dabei die festgeknotete Pedale relativ zum Fahrrad nach vorn, und zwar in einer Drehung gegen den Uhrzeigersinn, aber insgesamt in Relation zum Boden nach hinten. Wenn Sie das nicht glauben, müssen Sie schon ein Fahrrad nehmen und es selber ausprobieren.

9. MARKTFORSCHUNG. Der Buchhändler hatte ursprünglich 15 Exemplare. Der erste Kunde kaufte acht, der zweite vier, der dritte zwei und der vierte das letzte Buch.

10. SPIHK YOU INGLISCH? Der Buchstabe »F« kommt sechsmal vor.

14 Fröhliche Physik

1. ZWEI SCHRAUBEN. In beiden Fällen bleiben die Schraubenköpfe gleich weit voneinander entfernt.

2. TROPFEN UND LUFTBLASEN. Die Blasen würden sich anziehen. Wenn es an einer Stelle im Weltraum kein Wasser gäbe (Blase A), wäre in der Umgebung das Gleichgewicht der Schwerkraft in der Weise gestört, daß naheliegende Wassermoleküle von der größeren Masse angezogen würden, also weg von der Blase. Bei zwei Blasen würde sich das Wasser dazwischen so verhalten, als ob es von beiden abgestoßen würde, wodurch sich die Blasen aufeinander zubewegten.

3. MAGNETTEST. Berühren Sie mit dem Ende eines Stabs die Mitte des anderen. Wenn eine Anziehungswirkung da ist, ist der berührende Eisenstab magnetisch, wenn nicht, ist es der andere.

4. RADTOUR. Die Durchschnittsgeschwindigkeit ist nicht 15 km/h, sondern nur 13,33 km/h. Bei der Berechnung des Durchschnitts müssen Sie bedenken, daß Ihre Fahrzeit bei 10 km/h doppelt so lang ist. Angenommen, der Feldberg wäre 20 km entfernt, dann brauchen Sie zwei Stunden für den Hinweg und eine für den Rückweg. Eine Strecke von 40 km in drei Stunden macht eine Durchschnittsgeschwindigkeit von 13,33 km/h.

5. DER EISENRING. Während sich der Eisenring ausdehnt, behält er seine Proportionen, d. h.: auch das Loch wird größer. Nach demselben Prinzip entfernt ein Opti-

ker ein Glas aus einem Brillengestell, indem er den Rahmen erwärmt. Wenn ein metallener Schraubdeckel auf einem Marmeladenglas zu fest sitzt, erwärmt man beides unter fließendem heißem Wasser, der Querschnitt erweitert sich, und der Deckel läßt sich spielend entfernen.

6. MÜNCHHAUSENS AUFZUG. Obgleich es so aussieht, als wolle sich der Mann an seinen eigenen Schnürsenkeln nach oben ziehen, liegt die Sache anders. Natürlich drückt er für jedes Kilo, das er hochzieht, mit gleichem Gewicht auf den Block. Aber wenn er stark genug ist, sich selbst und den Block hochzuziehen, kann er vom Boden abheben. Versuche haben gezeigt, daß ein 85 kg schwerer Mann sich durchaus mitsamt einem 50 kg schweren Block nach oben befördern kann.

7. AUFGEPASST. Es ist einfacher, eine Schubkarre zu ziehen. Beim Schieben wird das Rad fester auf den Boden gepreßt, was zusätzliche Arbeit macht. Beim Ziehen hingegen verringert sich die Rollreibung.

8. ENERGIESPAREN. Die Erfindung funktioniert schon, aber nur in dem Sinne, daß das Wasser bei einer niedrigeren Temperatur zu kochen beginnt. Doch was hat man davon? Selbst wenn das Wasser bei 70° sprudelnd kochte, brauchten Nahrungsmittel unendlich lange, bis sie gar wären, und viele Keime und Bakterien würden dadurch auch nicht abgetötet. In den Bergen sollte man aus diesem Grund also etwas längere Kochzeiten beachten.

9. KANNE ODER KANNE NIT? Beide Kannen fassen gleich viel. Das sieht man daran, daß ihr Ausguß gleich

hoch liegt, und weiter kann man ein Gefäß eben nicht vollmachen.

Der Fall läge anders, wenn die Griffe hohl wären. Dann würde die kleine Kanne mehr fassen, weil bei ihr der ganze Griff unterhalb der Ausgußöffnung liegt.

10. TÜR ZU! Garnichts. Jedenfalls keine Explosion, weil kein Sauerstoff da ist. (Trotzdem sollten Sie machen, daß Sie da raus kommen, sonst passiert wirklich was.)

16 Das Spiel mit dem Zufall

1. PAARADOX. Wenn Sie einen Zwilling haben, *vergrößert* das die Chance, daß Ihr Gegner auch einen hat. Denn das Pärchen in Ihrer Hand verringert die Vielfalt der verbleibenden Karten und erhöht damit die Chancen des Gegners. Wenn Sie vier gleiche Karten auf der Hand haben, steigen damit die Chancen Ihres Gegners auf einen Zwilling um 10 Prozent gegenüber dem Fall, daß Sie fünf verschiedene Karten haben.

2. TELESPIONAGE. Das hört sich wieder mal nach einem Problem an, für das man mindestens zwei Semester Trigonometrie studiert haben muß. Ist aber nicht so. Hier ist die gedankliche Abkürzung:

Wir wollen annehmen, der Mann hätte einen Doppelgänger, der im gleichen Abstand auf der entgegengesetzten Seite des Pentagon stände. Wenn einer von beiden drei Seiten sehen kann, sieht der andere zwei. Da der Mann auf jedem Standpunkt mit gleicher Wahrscheinlichkeit stehen kann, liegt die Chance, drei Seiten zu sehen, in der Nähe von ½.

Ich sagte »in der Nähe«, weil es eine geringe Wahrscheinlichkeit gibt, daß jeder von beiden nur zwei Seiten sieht. Wenn der Beobachter auf einer Linie steht, die eine Verlängerung einer der Seiten darstellt, kann diese Seite von beiden nicht gesehen werden, egal wie weit entfernt vom Gebäude sie sich befinden. Es gibt fünf solcher »Korridore«, für die das zutrifft. Sie sind so breit wie das Pentagon und ihre Länge ist unendlich. Je weiter sich der Beobachter entfernt, desto geringer wird die Chance, in einem dieser »Korridore« zu stehen, und die Wahrscheinlichkeit, drei Seiten zu sehen, nähert sich immer mehr dem Wert ½. In unendlicher Entfernung würde dieser Wert schließlich erreicht, aber da braucht man schon ein starkes Fernglas.

3. AKKORD-SCHACH. Wenn Sohn zwei Spiele hintereinander gewinnen will, muß er auf jeden Fall das zweite gewinnen, das er darum am besten gegen den schwächeren Spieler spielt. Auch gegen den stärkeren Gegner muß er mindestens einmal gewinnen, und da steigen seine Chancen, wenn er es zweimal versucht. Die erste Partie geht also gegen Vater.

4. DER HUTTRICK. Am besten steckt Junior einen 50-Mark-Schein in Hut A und die restlichen 19 Scheine in Hut B. Bei der Hälfte der Versuche wird er Hut A wählen und hat damit automatisch einen 50-Mark-Schein. Andernfalls hat er bei Hut B immer noch eine Chance von $9/19$. Die Summe der beiden Wahrscheinlichkeiten ($A + B = 1/2 + 1/2 \times 9/19$) ergibt eine Chance von $14/19$ oder beinahe 75%, einen 50-Mark-Schein zu angeln.

5. FAMILIENPLANUNG. Die meisten Leute tippen hier auf eine gleiche Verteilung der Geschlechter (Lösung 1), aber tatsächlich ist Lösung 2 richtig. In solchen Fällen ist es immer hilfreich, eine Tabelle der Kombinationsmöglichkeiten aufzustellen:

J	J	J	J	
J	J	J	M	ein Mädchen
J	J	M	J	
J	M	J	J	
M	J	J	J	
M	M	M	J	ein Junge
M	M	J	M	
M	J	M	M	
J	M	M	M	
J	J	M	M	je zwei
J	M	J	M	
J	M	M	J	
M	J	J	M	
M	J	M	J	
M	M	J	J	
M	M	M	M	

Es gibt 16 gleich wahrscheinliche Kombinationen. In 8 Fällen gibt es eine Mischung von drei zu eins und nur in 6 Fällen von zwei zu zwei.

6. DER SCHNÜRSENKEL. Verfolgen Sie die Lage des Schnürsenkels von seinem oberen linken Ende aus über die ersten drei Kreuzungen. Markieren Sie eine Kreuzung mit einem Großbuchstaben (ABC), wenn der Schnürsenkel darüber, mit einem kleinen Buchstaben (abc), wenn er darunter führt. Von den acht möglichen Kombinationen ergeben nur zwei (AbC und aBc) einen Knoten. Die Chance auf einen Knoten liegt also bei ¼.

7. DIE WETTE. Wenn Sie die Wette annehmen, haben Sie das Geburtstagsparadox noch nicht ganz verstanden. Hier gilt dieselbe Überlegung. In Wirklichkeit beträgt die Wahrscheinlichkeit, daß von 20 Nummernschildern zwei in den beiden letzten Ziffern übereinstimmen, 7 zu 1.

8. UMFRAGE. Hier möchte man wieder auf ½ tippen, aber die richtige Antwort lautet ⅓. In einer Zwei-Kind-Familie gibt es vier gleich wahrscheinliche Kombinationen, nämlich: (1) Junge–Junge, (2) Junge–Mädchen, (3) Mädchen-Junge und (4) Mädchen-Mädchen. Die letzte fällt weg, denn wir wissen, daß ein Kind ein Junge ist. Die Wahrscheinlichkeit eines zweiten Jungen beträgt also ⅓.

9. NACHFRAGE. In diesem Fall ist die Wahrscheinlichkeit ½. Aber warum hat die Frage nach dem Alter einen Einfluß auf die Wahrscheinlichkeit? Weil nun eins der Kinder schon identifiziert ist. Wenn man weiß, daß das ältere Kind ein Junge ist, bleiben nur die beiden Fälle (1) und (3) der vorigen Frage übrig und eine Chance von ½, daß auch das zweite Kind männlich ist.

10. HOFBALL. Die Wahrscheinlichkeit ist Null. Wenn neun Hüte passen, muß auch der zehnte passen.

17 Vorsicht, Falle!

1. DIE LEITER. Da das Schiff bei Flut ja nicht untergeht, bleiben alle Sprossen sichtbar.

2. IM TAXI. Da er sie zum richtigen Ziel gebracht hatte, konnte er nicht ganz so taub sein.

3. WAS STIMMT? Weder noch. Eidotter sind gelb.

4. SCHLAMPEREI. Er hatte die Suppe schon gesalzen, bevor er die Fliege entdeckte. Als die zweite Portion kam, brauchte sie kein Salz mehr.

5. SYMBOL. Die Zahl heißt 2,3.

6. WIEVIELE KÖNIGE? Einer. Bis auf König James VI. von Schottland, der 1603 zum König von Englang gekrönt wurde, waren alle anderen vorher nur Prinzen, Herzöge und so weiter.

7. KIRCHENRECHT. Nein. Tote heiraten nicht.

8. DER DREI-METER-SPRUNG. Draußen war es noch hell.

18 Die Blätter der Rosenblüte

Nachdem ich das Spiel in *Omni* vorgestellt hatte, hörte ich von einigen Lesern, daß sie es schon seit etlichen Jahren unter dem Namen »Polarbären am Eisloch« kannten. Es stellte sich heraus, daß es verschiedene »offizielle« Versionen mit unterschiedlichen »offiziellen« Mitgliedschaften gibt. Der Hohe Gärtner Smith, zum Beispiel, meint, man sollte es mit *sechs* Würfeln, davon fünf weißen und einem roten, spielen. Das Ganze beruht darauf, daß man den Bewerber so weit wie möglich in die Irre führt, wobei freilich die Punktezahl korrekt angegeben und alle Ja-Nein-Fragen ehrlich beantwortet werden müssen.

»Man kann jede Menge irritierender Zwischenbemerkungen machen«, verriet Smith, »zum Beispiel: ›Soll ich noch einmal die Entstehung des Spiels erzählen?‹ oder ›Man erzählt ja, daß die Karriere des Adjudanten vorher nicht besonders steil war. Aber nachdem er das Spiel erfunden hatte, stieg er sogar bis zum Feldmarschall auf. Inzwischen ist er pensioniert und lebt in der Schweiz. Wir telefonieren mindestens einmal pro Monat miteinander.‹«

Nach diesen Vorbemerkungen haben Sie jetzt also die Gelegenheit, sechs richtige Antworten abzugeben. Notieren Sie die Punktzahlen in den Klammern. (Die Antworten und die Auflösung des Rätsels stehen im Kapitel *Nachgedacht* Seite 193.)

1. 1, 1, 2, 4, 6 ( )
2. 2, 3, 3, 4, 5 ( )
3. 1, 5, 6, 6, 6 ( )
4. 2, 3, 3, 5, 5 ( )
5. 1, 4, 4, 5, 6 ( )
6. 1, 2, 3, 4, 5 ( )

Falls Sie immer noch nicht Bescheid wissen, sollten Sie die zwei Hinweise berücksichtigen, die wir Ihnen auf dieser Seite gegeben haben. Erstens ist die Anordnung der Würfel in unseren 12 Beispielen ohne Einfluß auf das Ergebnis. Sie können zum Beispiel auch (wie hier) in aufsteigender Reihenfolge geordnet werden. Zweitens heißt das Spiel mit anderem Namen »Polarbären am Eisloch«. J. Gregory Burgan aus Baltimore berichtete uns, dabei würde jeder Wurf mit folgendem Spruch des Zeremonienmeisters untermalt:

»Bears Around the Ice Hole« is the name of the game.
The point of the game is the name of the game.
What's the point?
The point is ...

19 Links oder rechts?

Sie hatten recht, wenn Sie erkannten, daß bis auf die Dame auf der Münze alle Figuren nach links blicken. Überhaupt haben von der klassischen Kunst bis zur modernen Werbung die meisten Profile diese Eigenschaft. Das dürfte wohl damit zu tun haben, daß die meisten Zeichner Rechtshänder sind.

Ich glaube, daß Rechtshänder nach links blickende Gesichter vorziehen, weil sie dabei zuerst das Profil zeichnen können und dann den Rest der Figur, ohne den Entwurf mit der Hand zu verwischen. Das gleiche gilt sogar für unbelebte Objekte. Wenn man jemand bittet, die Seitenansicht eines Schiffs, eines Autos oder eines Flugzeugs zu zeichnen, kommt in den meisten Fällen ein nach links weisendes Gefährt dabei heraus. Selbst frühgeschichtliche Höhlenzeichnungen zeigen überdurchschnittlich oft eine Orientierung nach links, was darauf schließen läßt, daß schon unsere Vorfahren überwiegend Rechtshänder waren.

20 Zahlenaufgaben

1. Jedes Zahlwort (elf, acht, ...) hat einen Buchstaben mehr als das vorhergehende. Die richtige Antwort lautet also (a).

2. Die Zahlen stehen für die Schläge einer Standuhr, die alle halbe Stunde erfolgen. Die Reihe setzt sich also fort mit 1, 4, 1, 5, und so weiter.

3. Die entsprechenden Zahlwörter enthalten alle den Buchstaben »i«. Die beiden nächsten Zahlen sind also 24 und 25.

4. Jede Zahl ist das Produkt der beiden Ziffern der vorhergehenden Zahl ($7 \times 7 = 49$, $4 \times 9 = 36$, $3 \times 6 = 18$). Die nächste Zahl ist 8 ($1 \times 8 = 8$).

5. Die 6 (»Sechs«) gehört nicht hierher. Alle anderen Zahlwörter bestehen aus vier Buchstaben.

6. Es gibt verschiedene Möglichkeiten, aber die vielleicht eleganteste sieht so aus: $99 + 99/99$.

7. Die einzige zehnstellige autobiographische Zahl ist 6.210.001.000!

8. Die Antwort lautet 6P = S. Daran ist nichts weiter überraschend. Überraschend ist nur, daß die meisten Leute damit ihre Probleme haben. Eine Untersuchung unter amerikanischen Collegestudenten hat ergeben, daß von denen, die nicht Mathematik oder Naturwissenschaften studierten, 57% daneben lagen, während von den anderen immerhin noch 37% die falsche Antwort gaben *(American Mathematics Monthly,* Nr. 84, April 1981). Der häufigste Fehler war das Vertauschen der Variablen, zum Beispiel: 6S = P. Hatten Sie es richtig?

9. Der Fehler liegt in Schritt Fünf: Die Division durch (x – y) ist eine Division durch Null, was nicht erlaubt ist. Das Ergebnis ist dabei nicht »null« oder »unendlich«, sondern es gibt überhaupt kein Ergebnis, weil eben genau solche absurden Konsequenzen wie die vorliegende dabei herauskämen.

10. Die fehlende Zahl ist die 121. Alle diese Zahlen repräsentieren die Zahl 16 des Dezimalsystems, und zwar beginnend mit dem Sechzehnersystem bis zum System auf der Basis 1. 10 000 zum Beispiel ist die bekannte digitale Schreibweise. 121 drückt denselben Wert auf der Basis 3 aus. (Bei der letzten Zahl haben wir die Regeln etwas gedehnt, weil es bei einem Zahlensystem auf der Basis 1 nicht möglich ist, eine Zahl größer als 0 auszudrücken. Darum haben wir uns hier für die primitive Abzählmethode von sechzehnmal Eins entschieden. Wir glauben, daß dadurch das Rätsel interessanter, und doch einfacher wird, als wenn wir mit der 10 000 aufgehört hätten. Manchmal ist es von Vorteil, wenn man eben nicht zu viel von Mathematik weiß.)

21 Tricks mit dem Taschenrechner

1. 107734 auf den Kopf gestellt ergibt hELLO!
2. Na was wohl: hEiLLOSES.
3. Die LIEbE.
4. Der Name der Schlacht: ShILOh.

Der Große Memofex

1. MAGISCHES TELEFONBUCH. Wenn die Operationen richtig ausgeführt werden, ist das Ergebnis immer 1089. Zuvor müssen Sie sich nur den neunten Namen auf Seite 108 einprägen.

Nach dem ersten Schritt (Umdrehen der Zahl und Subtraktion) hat das Ergebnis immer in der Mitte eine 9 und die erste und letzte Ziffer addieren sich zu 9. Die Addition einer solchen Zahl mit ihrer Umkehrung ergibt zwangsläufig 1089.

Natürlich kann man den Moment der Enthüllung des Ergebnisses feierlicher ausgestalten. Zum Beispiel kann man vor der Show die Zahl auf einen Papierstreifen schreiben, der verdeckt auf den Tisch gelegt wird. Bei der Auflösung zeigt man ihn dem Publikum, hält ihn aber falsch herum, so daß die Zahl wie 6801 aussieht. was natürlich nicht stimmt. Schauen Sie einen Moment lang bestürzt und drehen Sie ihn dann herum mit einer Entschuldigung, daß Sie ihn aus Versehen verdreht hatten.

Der Zauberer Ray-Mond schlägt in seinem Buch *The Giant Illustrated Book of Magic Tricks* vor, sich die 1089 mit etwas weicher, feuchter Seife auf den Arm zu schreiben.

Der Partner soll das Ergebnis stumm auf ein Blatt Papier schreiben und verbrennen. Reiben Sie danach etwas Asche über den Arm, wo die Zahl wieder erscheint wie die Schrift an der Wand.

Rechnerspiele

1. NIMM. Bei der Standardversion gewinnt der zweite Spieler immer, wenn er die Anzeige stets zu einem Vielfachen von 10 ergänzt.

Bei der zweiten Version drückt man am besten die 1 (was den Gegner zwingt, 2 oder 4 zu drücken), bis die Anzeige bei 8 oder darunter angelangt ist. Danach verfährt man wie folgt:

Anzeige	*Drücken*	
8	5	
7	7	(wenn möglich)
5	5	
3	3	

Sonst die 1 drücken.

2. ZIELZAHL. Die Zielzahl 17 kann mit fünf Fünfen so erreicht werden: (55+5):5+5=.

S. T. Quah aus Singapur schrieb uns, daß sich die 17 sogar mit nur einmaligem Drücken der 5 erreichen läßt: 5:=++===== etc. Das ist zwar etwas mühsam, doch läßt sich auf diese Weise wirklich *jede* Zahl ganz genau erreichen.

3. SCHARFSCHÜTZE. Man kann 1000 mit dieser Formel nicht genau erreichen, aber man kommt sehr nahe:

$$1 \times 2 \times 3 \times 4 \times 5 + 6 - 7 - 8 \times 9 = 999 \text{ oder}$$
$$1 - 2 + 3 + 4 + 5 + 6 \times 7 - 8 \times 9 = 999.$$

Die größte nach dieser Formel berechenbare Zahl ist $1 + 2 \times 3 \times 4 \times 5 \ldots \times 9 = 544.320$. Werden alle Zahlen multipliziert, auch die 1 und 2, kommt nur 362.880 dabei heraus.

Kryptoarithmetik

1. ALPHABET MAL VIER.

ABCDE	21978
×4	×4
EDCBA	87912

2. SECHS UND SECHS.

SIX + SIX + SIX = NINE + NINE
942 + 942 + 942 = 1413 + 1413

3. TELEGRAMM.

SEND	9567
+MORE	1085
MONEY	10652

4. IM GARTEN EDEN.

EVE/DID = O,TALKTALKTALKTALK ...
242/303 = 0,7986798679867986 ...

5. PUNKTE

$$\begin{array}{r} .\ \ . \\ \times\ \ \ \ . \\ \hline .\ \ . \\ +.\ \ . \\ \hline .\ \ . \end{array} \qquad \begin{array}{r} 17 \\ \times\ 4 \\ \hline 68 \\ +25 \\ \hline 93 \end{array}$$

Noch mehr Tricks

1. Die Ziffern 2 und 5 sehen auch auf dem Kopf stehend gleich aus. Also erwarten uns schon im nächsten Jahrtausend die folgenden Kopfstandjahre (jedenfalls auf der Anzeige des Taschenrechners): 2002, 2112, 2552, 2692, 2882 und 2962.

2. OLLIE.

3. hOSS.

4. Wenn ihr Rechner auf 710,7735 abrundet, ergibt sich: SELL.OIL!

22 Noch mehr Physik

1. SPRUNGHAFT. Das dickwandige Glas springt zuerst. Glas ist ein schlechter Wärmeleiter. In dem Weinglas wird die Hitze schnell von der inneren zur äußeren Oberfläche geleitet, und das Glas kann sich ziemlich gleichmäßig ausdehnen. Bei einem dickwandigen Glas erhitzt sich jedoch

die Innenseite viel schneller als die Außenseite, es entstehen enorme Materialspannungen und das Glas springt.

2. LUFTBALLON. Beim Beschleunigen des Autos neigt sich der Ballon an seiner Schnur nach vorn. Durch die Trägheit, die zum Beispiel die Insassen in ihre Sitze preßt (was wohl jeder schon mal erlebt hat), wird auch die Luft im hinteren Teil des geschlossenen Wageninneren verdichtet. Das Gefälle im Luftdruck schiebt den Ballon nach vorn. Aus demselben Grund neigt er sich beim Kurvenfahren *in* die Kurve.

3. ROLLENDE RUNDLINGE. Die Kugel kommt zuerst unten an, weil sich ein relativ geringerer Teil ihrer Masse außen befindet, was sich als geringere Trägheit gegenüber der Drehung auswirkt. Der Ring rollt am langsamsten, weil seine Masse weit vom Zentrum der Drehung entfernt liegt. Aus ähnlichen Gründen beschleunigen sich die Pirouetten einer Eiskunstläuferin, wenn sie die Arme anzieht.

4. BERGZEIT. In den Bergen läuft eine mechanische Uhr etwas schneller. Der Hauptgrund dafür ist die mit zunehmender Höhe sinkende Luftdichte. Dadurch braucht die Unruh weniger Luftmoleküle zur Seite zu schieben und kann etwas schneller oszillieren.

Aus der Relativitätstheorie lassen sich einige Besonderheiten der Höhenwirkung ableiten, die auch elektronische Uhren betreffen. Nach Einstein vergeht die Zeit langsamer, wenn (a) die Schwerkraft oder (b) die Geschwindigkeit einer Bewegung zunimmt. Die geringere Schwerkraft in den Bergen bewirkt also, daß Uhren etwas schneller laufen. Dieser Effekt wird aber teilweise wieder dadurch aufgehoben, daß man auf einem Berg weiter von der Rotationsachse der Erde entfernt ist und sich deshalb mit größerer Geschwindigkeit durch den Raum bewegt, was den Zeitablauf wieder verlangsamt.

5. GENIAL. Vielleicht kühlt sich das Zimmer kurzzeitig etwas ab, aber insgesamt wird die Temperatur *steigen*. Der Kühlschrank wird versuchen, die sich erwärmende Luft in seinem Innern abzukühlen, aber dabei wird an seiner Rückseite mehr Verdunstungswärme frei, als er an Kälte produziert. Wie uns Jearl Walker mitteilt, kann man das System nur dadurch überlisten, daß man beim Öffnen der Kühlschranktür sofort den Stecker rauszieht. »Natürlich bleibt dann das Bier nicht lange kalt, weshalb man es möglichst schnell austrinken sollte.«

6. ORBIT. Raketen werden von Westen nach Osten in Richtung der Erdrotation abgeschossen. Um hier die maximale Zusatzbeschleunigung »mitzunehmen«, liegen die Startrampen so nah wie möglich am Äquator.

7. POLAR. Die Antarktis ist ein Kontinent, und Land ist ein schlechter Wärmeleiter. Also schmilzt das Eis dort nicht so schnell. Unter der Arktis hingegen liegt das Meer mit seiner hohen Wärmekapazität, wodurch das Eis des Nordpols immer wieder abschmilzt.

8. DOPPELNELSON. Das Schlittschuhlaufen ist bei niedrigen Temperaturen schwieriger. Man glaubt oft, Eis wäre *an sich* rutschig, aber das ist nicht so. Unter dem Druck der scharfen Kufe des Schlittschuhs schmilzt das

Eis kurzzeitig und erzeugt einen feinen, gleitfördernden Wasserfilm. Bei sehr niedrigen Temperaturen schmilzt das Eis nicht so gut und das Schlittschuhlaufen wird schwieriger.

9. MOLKEREI. Rahm schwimmt oben, also ist Milch schwerer.

10. ÖL UND ESSIG. Da Öl auf Essig schwimmt, kann Martin leicht von oben so viel Öl abgießen wie benötigt. Danach dreht er die Flasche um und lockert den Korken gerade so weit, um die gewünschte Menge Essig heraustropfen zu lassen.

23 Auf den zweiten Blick

1. DER EINSPURIGE TUNNEL. Weil die beiden Züge den Tunnel nicht zur gleichen Zeit befuhren.

2. BITTE UM RÜCKRUF. An der merkwürdigen Wortwahl des Herrn Ephram ist nichts auszusetzen. Aber die Sekretärin der Gesellschaft für Logikspiele brauchte nicht mehr nachzufragen: »R wie was?«, denn sie hatte den Buchstaben ja schon verstanden.

3. GLÜCKSSPIELER. Sie spielten nicht miteinander.

4. TAGE. Alle zwölf.

5. WOLKENBRUCH. Professor Zymurgy hatte eine Glatze.

6. SURVIVAL. Das Streichholz.

7. TABU? In der Arktis, wo die Eskimos leben, gibt es keine Pinguine.

8. EXPEDITION. Es waren nur drei Personen, nämlich Großvater, Vater und Sohn.

9. EI-NSAME SPITZE. Lassen Sie das Ei aus 1,50 Meter Höhe fallen. Nach einem Fall von 1 Meter ist die Schale noch völlig intakt.

10. SPATENKUNST. Es gibt kein halbes Loch.

Nachgedacht

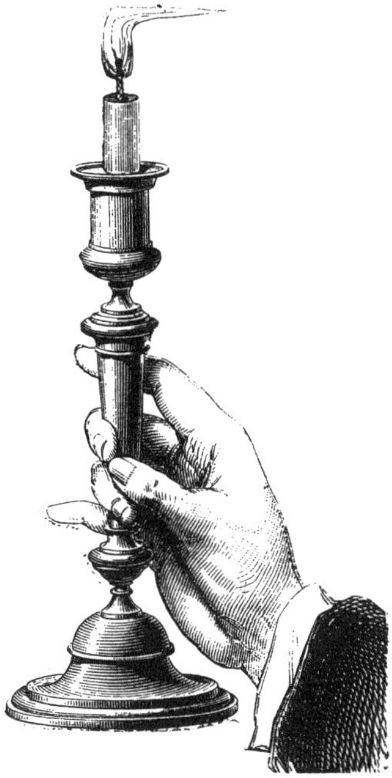

1 Einblicke (Teil Eins)

5. STREICHHOLZ-MATHEMATIK. *(a)* Man nimmt das dritte Streichholz und zündet damit die beiden linken Hölzchen am unteren Ende an. Bei vollständiger Verbrennung bleibt die perfekte Gleichung: 1=1. *(b)* VT=1, Geschwindigkeit mal Zeit gleich Länge (der zurückgelegten Wegstrecke).

2 Wetten daß?

9. AUF DEN RAND. Sie verlieren freiwillig. Behalten Sie die 50 Pfennig und geben Sie Ihrem Opfer seinen wohlverdienten Groschen.

10. POSTKARTENTRICK. Stecken Sie einen Finger durch das Loch und drücken Sie Ihren Kopf, ganz so, wie Sie es versprochen hatten.

6 Das Aha-Erlebnis

2. DER ZERTEILTE WÜRFEL. Mit sechs Schnitten lassen sich maximal 64 Käsewürfel produzieren.

8 Geometrie-Quiz

6. KREISE IN QUADRATEN. Wenn das Problem so dargestellt wird wie in der Abbildung unten, sieht man

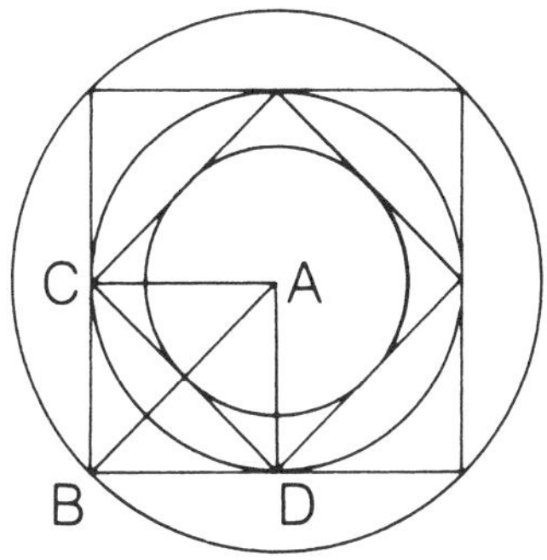

sofort, daß der Radius des großen Kreises (AB), dessen Länge von 5 cm bekannt ist, gleich der Seitenlänge des inneren Quadrates (CD) ist, weil sowohl AB als auch CD Diagonalen desselben Quadrats sind. Da der kleine Kreis dem inneren Quadrat einbeschrieben ist, entspricht sein Durchmesser genau dessen Seitenlänge von 5 cm.

Ein anderer Lösungsweg ist dieser: Da sich die Diagonalen des Quadrats ABCD halbieren, beträgt der Radius des inneren Kreises die Hälfte der Strecke AB, d.h.: des Radius des äußeren Kreises.

7. SCHWIERIGES ERBE. Mußten Sie aufgeben, oder hatten Sie ein Aha-Erlebnis? Nach der Lösung mit den L-förmigen Stücken ist es sehr leicht, das Naheliegende zu übersehen:

8. KRAUSKOHLS KOPFZERBRECHER. Hier ist die neue Lösung des Parzellenproblems. Wir würden gerne behaupten, daß es *keine* dritte Möglichkeit gibt, aber wir wollen uns nicht schon wieder irren.

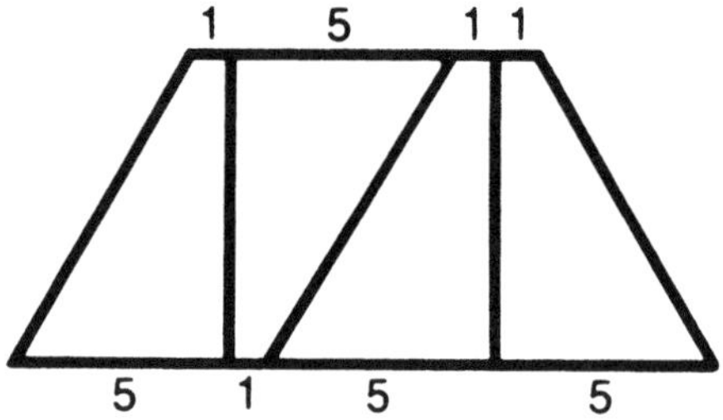

11 Klassiker

1. DIE FÜNF ZIMMER. Auf einer Kugeloberfläche kann das Problem nicht gelöst werden. Man kann irgendwo außerhalb der Zimmer ein Loch in die Kugel bohren (wir wollen annehmen, daß sie aus sehr elastischem Material sei) und sie zu einer flachen Ebene auseinanderziehen. Doch wir haben bereits festgestellt, daß die Aufgabe auf einer Ebene ohne Mogeln unlösbar ist.

Beim Torus ist das etwas anderes. Selbst wenn man ein Loch in den Schwimmreifen bohrt, kann man noch so sehr zerren, doch man bekommt ihn nicht auf eine Ebene. Man wird die Öffnung in der Mitte nicht los. Wie das Schicksal so spielt, läßt sich unser Problem tatsächlich auf einem Torus lösen, wenn seine Öffnung in einem der fünf Zimmer liegt.

Martin Gardner war der erste, der diese Lösung entdeckte und 1957 im *Scientific American* veröffentlichte.

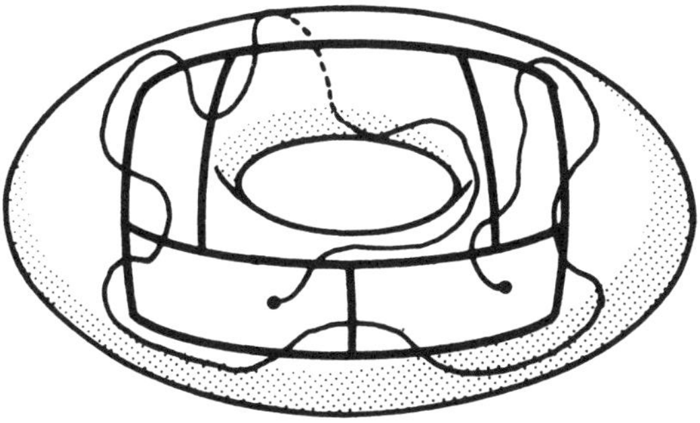

Schlußbemerkung: Nachdem ich in *Omni* behauptet hatte, das Problem der fünf Zimmer sei unlösbar, hat mir Mary Lashway einen der ungewöhnlichsten Briefe geschrieben, den ich je erhalten habe. Wir drucken ihn hier ab. Obwohl wir ihre Taktik nicht akzeptieren können, bewundern wir ihre Einstellung:

Lieber Omni,
ich habe die fünf Räume so umgestellt, daß man das Problem lösen kann. Du hast nicht gesagt, daß man die Räume nicht umstellen darf. Außerdem, wer will schon in so einem Haus wohnen. Und dann, nichts ist unmöglich.
Deine Mary Lashway, 10 Jahre

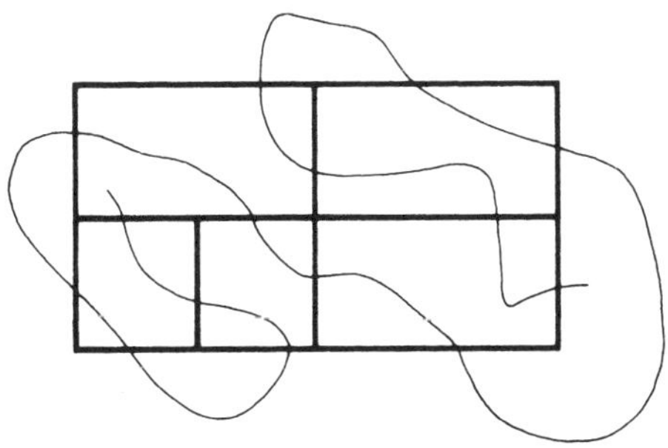

2. STADTWERKE. Jawohl, auch dieser Klassiker kann auf einem Torus gelöst werden. Es gibt verschiedene Möglichkeiten, hier ist eine. Beachten Sie, daß die Wasserleitung von A nach C durch die Öffnung des Torus führt.

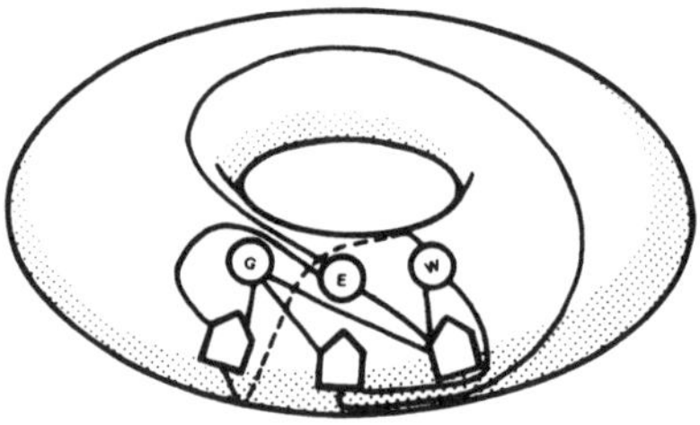

5. FALSCHMÜNZEREI. Das »erwartete Gewicht« der 55 Münzen muß irgend ein Vielfaches von 55 sein. Angenommen, eine echte Münze wöge 10 Gramm. Dann könnte die Waage höchstens 549 Gramm anzeigen, ein Gramm weniger als die erwarteten 550, ein Hinweis auf die Existenz einer falschen Münze (aus Sack Eins). Sie könnte außerdem nicht weniger als 540 Gramm anzeigen, falls 10 Fälschungen dabei sind. Wiegen die echten Münzen aber nur 9 Gramm, dann müßten die Ergebnisse zwischen 494 (Sack Eins) und 485 Gramm (Sack 10) liegen. Diese beiden Ergebnisbereiche überschneiden sich nicht, weshalb man mit einem Wiegen nicht nur sagen kann, (a) in welchem Beutel die Fälschungen sind, sondern auch, (b) wieviel eine echte Münze wiegt.

6. ZWÖLF MÜNZEN. Für das Sinken der linken Schale steht ein L, für das Sinken der rechten ein R, ein G markiert, wenn sie gleich schwer sind. Das dreimalige Wiegen ergibt einen Code aus drei Buchstaben. Man sucht diesen

Code in der Tabelle und stellt fest, welche Münze gefälscht, und ob sie zu leicht oder zu schwer ist.

Münze	*zu schwer*	*zu leicht*
1	LLL	RRR
2	LLG	RRG
3	LGG	RGG
4	LGR	RGL
5	RLR	LRL
6	RLG	LRG
7	RRL	LLR
8	RGR	LGL
9	GRL	GLR
10	GRR	GLL
11	GRG	GLG
12	GGL	GGR

18 Die Blätter der Rosenblüte

Die richtigen Ergebnisse lauten: 1. (0), 2. (8), 3. (4), 4. (12), 5. (4) und 6. (6).

Der Punkt bei dem Spiel ist sein Name. Die »Rose« ist der Punkt im Zentrum einer Würfelseite, und die »Blätter« sind die entsprechenden Punkte drumherum. Nur die ungeraden Seiten eines Würfels haben eine Rose (1, 3 und 5), aber nur bei der 3 und der 5 hat die Rose auch Blätter. Das Ergebnis einer Reihe ist die Summe aller Blütenblätter: zwei für jede 3 und vier für jede 5. Das ist alles.

Wenn Sie wollen, können Sie sich jetzt als ein mit allen Rechten und Pflichten versehener Ritter vom Orden der Rosenblüte betrachten. Hüten Sie das Geheimnis und suchen Sie neue Anhänger.

Mathematische Zaubereien
Von Martin Gardner

115 Karten-, Würfel- und Münztricks, mathematische Spiele und Zauberkunststücke
Mit einem Vorwort von Alexander Adrion

EUR 9,90 (D) / sFr. 18,90
ISBN 978-3-8321-7473-6

Martin Gardner ist ein Meister magischer Kabinettstückchen und Erfinder trickreicher Zaubereien. Alle 115 unterhaltsamen Spiele und Zauberkunststücke haben etwas mit Mathematik zu tun, setzen jedoch kein Verständnis für mathematische Zusammenhänge voraus. Martin Gardner stellt Aufgabe und Präsentation vor und erläutert anschließend den »Trick« – der diese Zaubereien ohne große Vorbereitung zu verblüffend effektvollen Kunststücken macht. Spielerisch führen sie die zugrunde liegenden Gesetze aus Geometrie und Arithmetik vor Augen.